图论算法：用C++实现

◎ 喻蓉蓉　编著

清华大学出版社
北京

内 容 简 介

本书是一本图论算法书，旨在帮助编程学习者打开图论算法学习之门。全书共 7 章，主要内容包括图、二分图、拓扑排序、树、并查集、最小生成树和最短路问题。本书根据编程学习者的学习规律——先掌握一门编程语言基础以及必要的算法基础（以 C++语言基础和趣味算法为例），再逐步学习图论算法的学习方式，合理取舍、精心挑选出近百道经典图论算法的实例和实践园习题，均配有详细的算法解析。让学习者在学习过程中不仅能深入地理解图论算法的基本思想，还能学会灵活应用这些图论算法解决相应的图论问题。

本书配套实例以及实践园源代码，适合有一定 C++语言基础及算法基础的学生、图论算法的自学者以及图论算法爱好者使用，也适合参加信息学奥林匹克竞赛的学生作为图论算法教材使用，还可以作为中小学一线信息技术教师学习图论算法的教材。

图书在版编目（CIP）数据

图论算法 ：用 C++实现 / 喻蓉蓉编著. -- 北京 ：
清华大学出版社，2025. 2. -- ISBN 978-7-302-68155-7

Ⅰ. O157. 5；TP312. 8

中国国家版本馆 CIP 数据核字第 2025MB0271 号

责任编辑：王剑乔
封面设计：刘　键
责任校对：袁　芳
责任印制：刘　菲

出版发行：清华大学出版社
　　网　　址：https://www.tup.com.cn，https://www.wqxuetang.com
　　地　　址：北京清华大学学研大厦 A 座　　**邮　　编**：100084
　　社 总 机：010-83470000　　**邮　　购**：010-62786544
　　投稿与读者服务：010-62776969，c-service@tup.tsinghua.edu.cn
　　质量反馈：010-62772015，zhiliang@tup.tsinghua.edu.cn
印 装 者：大厂回族自治县彩虹印刷有限公司
经　　销：全国新华书店
开　　本：185mm×260mm　　**印　　张**：12.75　　**字　　数**：302 千字
版　　次：2025 年 2 月第 1 版　　**印　　次**：2025 年 2 月第1 次印刷
定　　价：59.00 元

产品编号：106845-01

前　言

PREFACE

本书主要面向有一定基础的程序设计竞赛选手，也适用于图论算法爱好者。不同于其他同类图论书籍，本书具有以下主要特点。

1. 深入浅出，通俗易懂

本书采用深入浅出的写作手法，通过通俗易懂的语言和经典的图论实例，将复杂的图论概念和理论知识进行详细的解释和阐述。无论是图论算法初学者还是有一定基础的读者，都能够很好地吸收并消化本书的内容。

2. 逻辑严密，条理清晰

本书的内容结构安排合理。首先，课与课之间难度递增，这有助于学生的渐进式学习，每节课都是前一节课的深化和拓展，确保学生在学会基础知识的前提下，掌握更高层次的知识与技能；其次，章与章之间衔接自然流畅，这有利于学生更好地掌握完整的图论知识体系，同时还能帮助学生形成连贯的思维模式，从而提高解决问题的能力。

3. 实用性强，指导性强

本书不仅注重理论知识的阐述，还注重实践应用的指导。本书合理取舍，精心挑选出近百道经典图论实例，对每课中的每一道例题和每章的实践园练习都配有详细的算法解析及算法实现(用 C++实现)，进一步帮助读者将理论知识应用于实践，实现良好的学习效果。

由于编著者水平有限，书中难免有不足之处，敬请各位读者指正，编著者将不胜感激。

感谢南京外国语学校仙林分校 2018 级 C++社团兴趣班的贾子辰、杨敏淏、张睿渊、雷嘉铭等同学以及 2019 级的王昊宸、王津博、卢翰佑同学，感谢你们和我一起多次校对书稿，为你们在校对过程中的严谨态度点赞。再次感谢你们对本书做出的贡献！

喻蓉蓉

2025 年 1 月

本书配套资源

目录

CONTENTS

Chapter 1

第1章

第1课　初　识　图

导学牌

了解图的定义及相关概念。

学习坊

1. 图的定义

图(graph)，简单地说，就是由一些点(称为“顶点”或者“节点”)以及连接这些点的线(称为“边”)所构成的图形。它可以写成一个二元组的形式 $G=(V,E)$。其中，V 表示点集，E 表示边集，G 表示图，连接两点 u 和 v 的边可以用 $e=(u,v)$ 表示。

2. 相关概念

1) 无向图和有向图

一般来说，图可以分为无向图和有向图两种。无向图的所有边都没有方向(或者说是双向的)，即无向边所连接的两个节点可以相互到达。有向图的所有边都有方向，即明确了从一个节点到另一个节点的方向。

【例1.1】 对于图1.1(a)来说，无向图 $G_1=(V_1,E_1)$，其点集 $V_1=\{1,2,3,4\}$，边集 $E_1=\{(1,2),(1,3),(1,4),(3,4)\}$，图中(1,2)和(2,1)表示同一条边。

【例1.2】 对于图1.1(b)来说，有向图 $G_2=(V_2,E_2)$，其点集 $V_2=\{1,2,3,4\}$，边集 $E_2=\{1\to2,1\to4,4\to1,3\to4\}$，其中 $1\to4$ 和 $4\to1$ 表示不同的边。

2) 相邻

在无向图 $G=(V,E)$ 中，我们称两个点 u 和 v 是相邻的，当且仅当存在一条边 $e\in E$($\in$ 表示属于符号)且 $e=(u,v)$。对于一个节点 v，我们用 $N(v)$ 表示所有在图中与 v 相邻的点。

【例1.3】 对于图1.2来说，无向图 $G=(V,E)$，对于节点1，与其相邻的点可以用

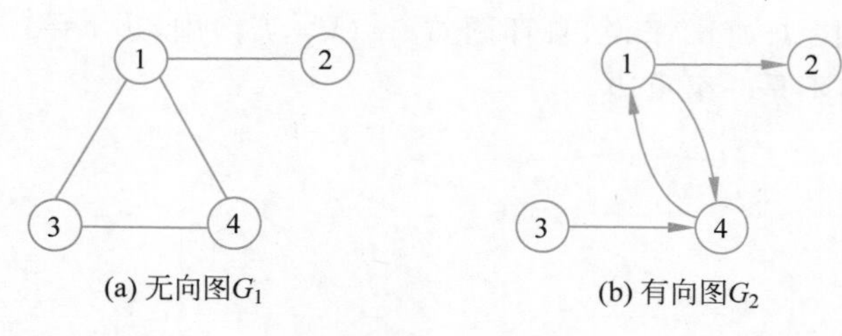

图 1.1

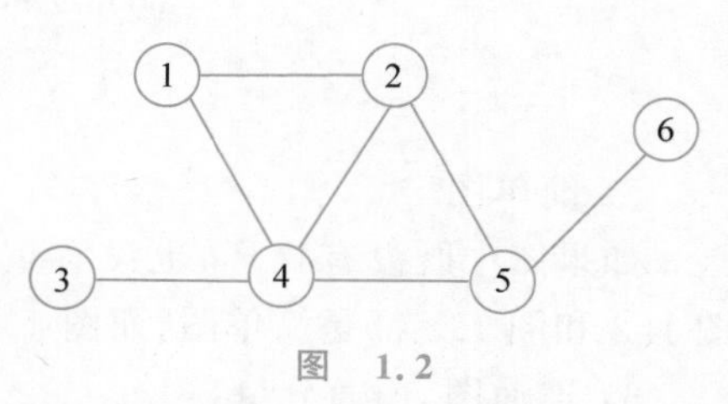

图 1.2

$N(1)$表示，则有 $N(1)=\{2,4\}$。同样，$N(2)=\{1,4,5\}$，$N(3)=\{4\}$，$N(4)=\{1,2,3,5\}$，$N(5)=\{2,4,6\}$，$N(6)=\{5\}$。

3）度数

在图论中，一个节点的度数是指与该节点相邻的节点个数。

在无向图 $G=(V,E)$中，对于一个节点 $v\in V$，它的度数就是与它相邻的节点的个数，用 $d(v)$表示 v 的度数，则有 $d(v)=|N(v)|$。

在有向图 $G=(V,E)$中，对于一个节点 $v\in V$，以 v 为起点所有边的个数，称为出度，用 $d^+(v)$表示；以 v 为终点所有边的个数，称为入度，用 $d^-(v)$表示。

对于任何有向图 $G=(V,E)$，出度之和等于入度之和，即$\sum_{v\in V}d^+(v)=\sum_{v\in V}d^-(v)$。

【例 1.4】 对于图 1.3(a)来说，无向图 $G_1=(V_1,E_1)$，对于节点 1，用 $d(1)$表示它的度数，则有 $d(1)=3$，同样，$d(2)=1$，$d(3)=1$，$d(4)=1$。

【例 1.5】 对于图 1.3(b)来说，有向图 $G_2=(V_2,E_2)$，对于节点 1，用 $d^+(1)$和 $d^-(1)$分别表示它的出度和入度，则有 $d^+(1)=0$，$d^-(1)=2$。同样，$d^+(2)=2$，$d^-(2)=0$，$d^+(3)=1$，$d^-(3)=1$。显然，出度之和等于入度之和，也等于这个有向图中所有边的个数，即 $d^+(1)+d^+(2)+d^+(3)=d^-(1)+d^-(2)+d^-(3)=3$。

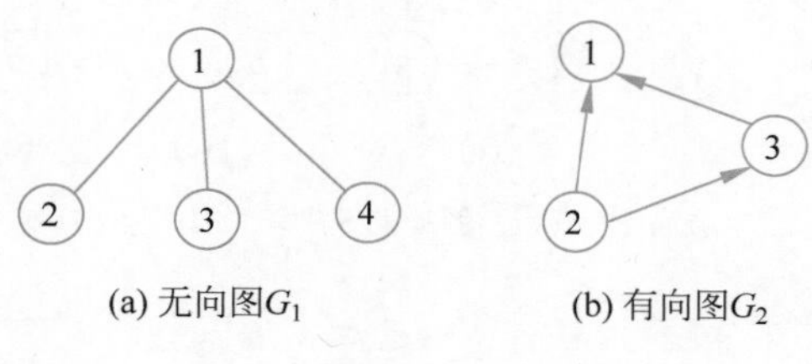

图 1.3

4）重边与自环

在图中，若存在一条边 $e=(u,v)$，满足 $u=v$，则将 e 称为自环，即自己连向自己。

在图中，若存在两条边 e_1,e_2，满足 $e_1=e_2$，则称(e_1,e_2)是一组重边。在无向图中，若 $e_1=(u,v)$，$e_2=(v,u)$，其中 $u\neq v$，则 $e_1=e_2$，即(e_1,e_2)是一组重边；在有向图中，若 $e_1=u\rightarrow v$，$e_2=v\rightarrow u$，其中 $u\neq v$，则 $e_1\neq e_2$，即(e_1,e_2)不是一组重边。

【例 1.6】 对于图 1.4(a)来说，重边图 $G_1=(V_1,E_1)$中，存在两组重边，即节点 1 和节点 2 之间存在一组重边，节点 3 和节点 4 之间也存在一组重边。

【例 1.7】 对于图 1.4(b)来说，自环图 $G_2=(V_2,E_2)$中，边 $e=1\to1$ 为自环。节点 2 和节点 3 之间两条边不是一组重边。

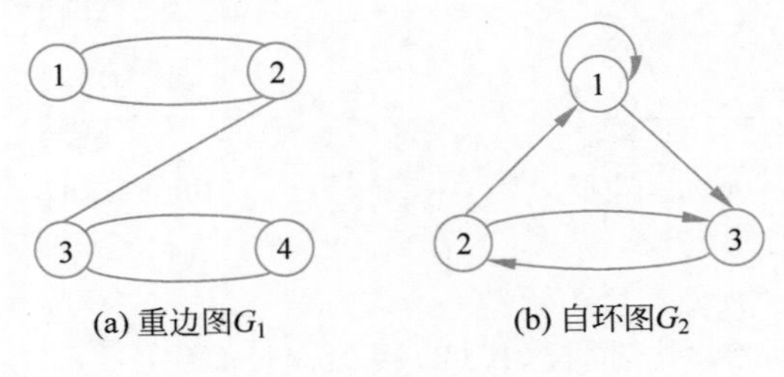

图 1.4

5）简单图

如果图中既没有自环，也没有重边，则称为简单图。反之，称为非简单图。如图 1.1、图 1.2 和图 1.3 都是简单图，而图 1.4 是非简单图。

6）连通图、连通分量

在无向图 G 中，两个节点 u、v 之间有一条路径，则称节点 u 和 v 是连通的。如果图 G 中任意两个节点都是连通的，即所有点之间都可以相互到达的图，称为连通图。

连通分量（也称连通块）是指连通图中最大的连通子图，也就是说，该子图中的任意两个节点之间都存在一条路径。

【例 1.8】 如图 1.5 所示，其中图 1.5(a)无向非连通图 G 有 3 个连通分量，分别是图 1.5(b)、图 1.5(c)和图 1.5(d)。而图 1.5(e)虽然也是图 1.5(a)的连通子图，但并非最大连通子图。所以图 1.5(e)不是图 1.5(a)的连通分量。

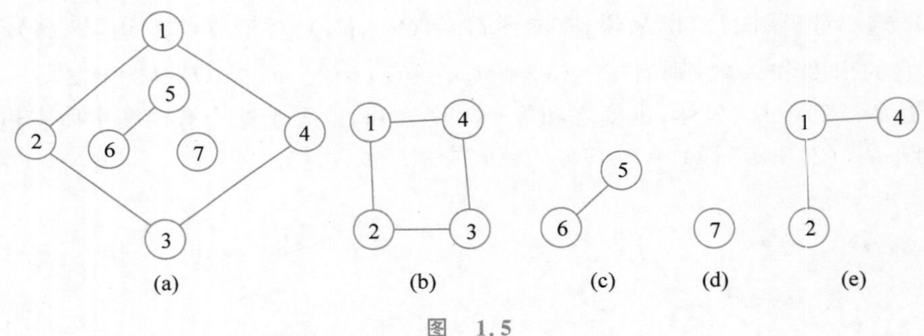

图 1.5

第2课　图的存储

导学牌

掌握两种常见的图存储方式，即邻接矩阵和邻接表。

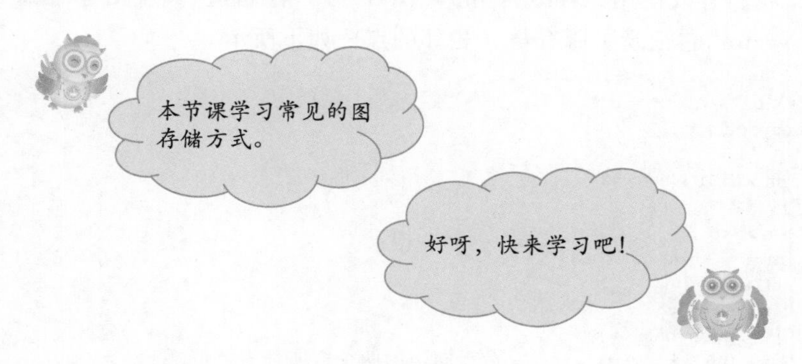

学习坊

为了能够对图进行处理，需要用程序将图 $G=(V,E)$ 存储下来，且能够实现有效地查询图的相关信息。在图的存储方法中，常用的存储方式有邻接矩阵和邻接表两种。

以无向图为例。首先输入图的点数和边数，分别用 n 表示点数，m 表示边数。然后输入 m 条边，即输入 m 条边的两个端点（如果是有向图，则先输入起点，再输入终点）。

1. 邻接矩阵

邻接矩阵是指用一个 $n\times n$ 的二维数组 a 存储图的信息。在无向图中，若 (u,v) 之间有一条边，则 $a[u][v]=a[v][u]=1$，否则 $a[u][v]=a[v][u]=0$。邻接矩阵的优势在于：当需要查询一条边是否存在时，直接访问二维数组 a 中的值即可。如下所示。

```
#include<bits/stdc++.h>
using namespace std;
int n,m,a[105][105];
int main(){
    cin>>n>>m;
    for(int i=1;i<=m;i++){
        int u,v;
        cin>>u>>v;
        a[u][v]=a[v][u]=1; //无向图，读入一条边(u,v)，要将 a[u][v]和 a[v][u]都置 1
    }
}
```

采取邻接矩阵的方式，查询图的 3 种信息的效率如下。

(1) 查询一条边(u,v)是否存在的时间复杂度为$O(1)$。

(2) 遍历一个点 u 的所有邻居的时间复杂度为$O(n)$。

(3) 遍历每一个点的所有邻居的时间复杂度为$O(n^2)$。

邻接矩阵的空间复杂度为$O(n^2)$。

2. 邻接表

邻接表是最常用的图的存储方式。它是对图中每个节点建立一个容器，用于存放所有与该节点相邻的点，即存放该节点的所有邻居。在 C++中，vector 提供了可以动态调整自身大小的数组。我们可以使用“vector < int > G[n+1]”存储边，其中对于任意一个节点 u，$G[u]$是一个 vector，它记录了所有与 u 相邻的点。如下所示。

```
#include<bits/stdc++.h>
using namespace std;
int n,m;
vector<int> G[105];
int main(){
    cin>>n>>m;
    for(int i=1;i<=m;i++){
        int u,v;
        cin>>u>>v;
        G[u].push_back(v);
        G[v].push_back(u);          //无向边的两个方向都需要记录
    }
}
```

采取邻接表的方式，查询图的 3 种信息的效率如下。

(1) 查询一条边(u,v)是否存在的时间复杂度为$O(d(u))$，如果$G[u]$预先排好序，可以使用二分查找算法，则时间复杂度可以优化到$O(\log d(u))$。

(2) 遍历一个点 u 的所有邻居的时间复杂度为$O(d(u))$。

(3) 遍历每一个点的所有邻居的时间复杂度为$O(m)$。$\left(\sum_{v\in V} d(v)=2m\right)$

邻接表的空间复杂度为$O(m)$。

【例 2.1】 读入一张无向图，然后对每个点，输出所有它的邻居（按照从小到大的顺序）。请分别用邻接矩阵、邻接表两种存储方式完成程序。

输入：第一行为两个整数 n 和 $m(1\leqslant n,m\leqslant 100)$，分别表示图的点数和边数。接下来 m 行，表示 m 条边的两个端点。

输出：输出所有点的邻居，要求邻居按从小到大的顺序输出。

样例输入：

```
5 6
1 2
2 3
3 1
1 4
4 5
2 5
```

样例输出：

```
1: 2 3 4
2: 1 3 5
3: 1 2
4: 1 5
5: 2 4
```

参考程序：

以样例为例，如图 2.1 所示。

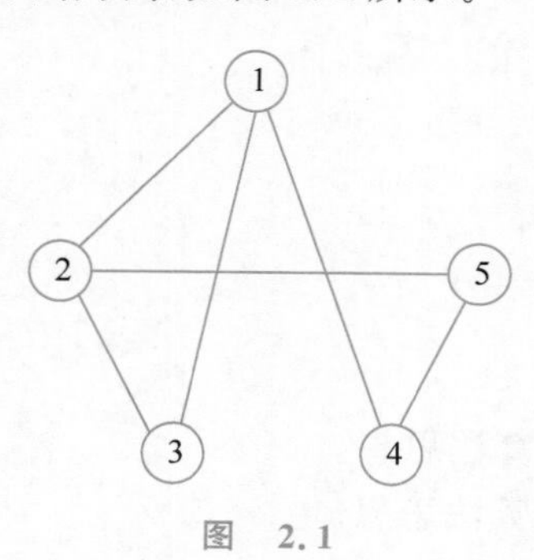

图 2.1

运行结果：

使用邻接矩阵存储方式程序如图 2.2 所示。使用邻接表存储方式程序如图 2.3 所示。

```
00 #include<bits/stdc++.h>
01 using namespace std;
02 int n,m,a[105][105];
03 int main(){
04     cin>>n>>m;
05     for(int i=1;i<=m;i++){
06         int u,v;
07         cin>>u>>v;
08         a[u][v]=a[v][u]=1;  //无向图，a[u][v]、a[v][u]都置1
09     }
10     for(int i=1;i<=n;i++){
11         cout<<i<<":";
12         for(int j=1;j<=n;j++)
13           if(a[i][j]) cout<<' '<<j;
14         cout<<endl;
15     }
16     return 0;
17 }
```

图 2.2

```
00 #include<bits/stdc++.h>
01 using namespace std;
02 int n,m;
03 vector<int> G[105];
04 int main(){
05     cin>>n>>m;
06     for(int i=1;i<=m;i++){
07         int u,v;
08         cin>>u>>v;
09         G[u].push_back(v);
10         G[v].push_back(u);  //无向边的两个方向都需要记录
11     }
12     for(int i=1;i<=n;i++){
13         sort(G[i].begin(),G[i].end());
14         cout<<i<<":";
15         for(int j=0;j<G[i].size();j++) cout<<' '<<G[i][j];
16         cout<<endl;
17     }
18     return 0;
19 }
```

图 2.3

第3课 图的遍历

导学牌

(1) 理解宽度优先搜索(BFS)的基本概念及其算法思想。

(2) 理解深度优先搜索(DFS)的基本概念及其算法思想。

学习坊

1. 宽度优先搜索

宽度优先搜索(breadth first search,BFS)又称广度优先搜索,简称宽搜或广搜,是图论中最基本的搜索算法之一。它是按照一定的顺序遍历(或访问)图中的每一个节点。

宽搜 BFS 的算法思想:从一个节点 u 出发,逐层访问与该节点连通的每一个节点。

(1) 在经过宽搜后,对于图中的每一个节点 v,都可以计算出从节点 u 到达该节点 v 至少需要经过的边数,我们将这个边数称为节点 u 到节点 v 的距离。

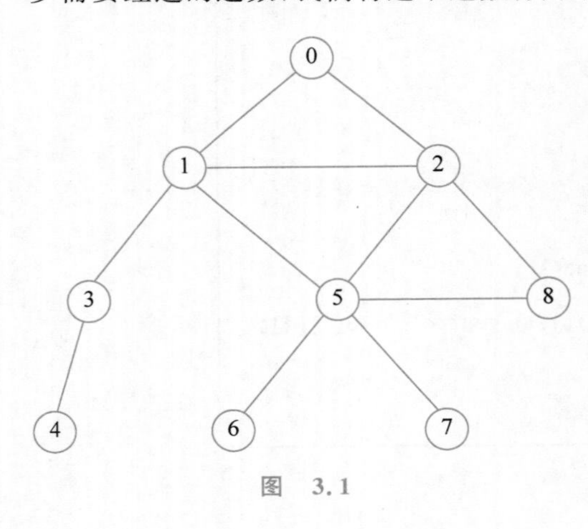

图 3.1

(2) 从节点 u 出发,宽搜首先找到所有与节点 u 距离为 1 的节点,然后找到所有与节点 u 距离为 2 的节点……直到所有节点都被找到为止。如图 3.1 所示,从节点 $u=0$ 出发,首先,访问距离节点 u 为 1 的节点{1,2};然后,访问距离节点 u 为 2 的节点{3,5,8};最后,访问距离节点 u 为 3 的节点{4,6,7}。

宽搜 BFS 算法思想的实现:在宽搜中,为了使上述逐层访问次序得以实现,一般使用"队列"这一数据结构,队列"先进先出"的特性可以保证这一访问次序。队列为空时,表示图的一个连通分量遍历完成。具体过程如下所示。

(1) 创建一个队列,将起始点放入队列中,并标记起点为"已访问"。

(2) 当队列不为空时,按顺序处理队列中的每个节点。从队列中取出一个节点,并将该节点连向的且未被访问的所有节点依次加入队列,并将这些节点都标记为"已访问"。

(3) 重复步骤(2),直到队列为空为止,BFS过程结束。

注意:若队列为空时,图中仍有节点未被访问到,表明该图为非连通图(含有多个连通分量),此时另选图中一个未被访问的节点作为起始点,重复上述过程,直到图中所有节点都被访问为止。

宽搜 BFS 的时间复杂度为 $O(n+m)$,其中 n 是点数,m 是边数。

【例 3.1】 读入一张无向非连通图。要求编程输出所有节点到起点 0 号节点的距离。

输入:第一行为两个整数 n 和 $m(1 \leqslant n, m \leqslant 10^5)$,分别表示图的点数和边数。接下来 m 行,表示 m 条边的两个端点。

输出:如果与 0 号节点连通,输出该节点到 0 号节点的距离,否则输出−1。

样例输入:

```
12 14
0 1
0 2
1 2
1 3
1 5
2 5
2 8
5 8
3 4
5 6
5 7
9 10
9 11
10 11
```

样例输出:

```
0 1 1 2 3 2 3 3 2 -1 -1 -1
//(-1 表示与 0 号节点不连通)
```

算法解析:

以样例为例,如图 3.2 所示的无向非连通图,图中 0 号节点到自己的距离为 0;1 号、2 号节点到 0 号节点的距离为 1;3 号、5 号以及 8 号节点到 0 号节点的距离为 2;4 号、6 号以及 7 号节点到 0 号节点的距离为 3;而 9 号、10 号以及 11 号节点与 0 号节点并不在同一个连通分量,即不连通。因此该三个节点到 0 号节点的距离设定为−1。

根据题意,使用宽搜 BFS 算法解决该问题。

首先创建一个队列 Q,用于存放所有待处理的节点;然后创建一个 vis[]数组,用于表示每个节点是否"被访问";再创建一个 dis[]数组,用来记录每个节点到起点 0 号节点的距离。

(1) 初始时队列 Q 中只有一个节点,也就是 BFS 的起点 0 号节点。同时用 vis[]数组将 0 号节点标记为"已访问",即 vis[0]=1。

(2) 按顺序处理 Q 中的每一个节点,处理一个节点 x 时,将 x 连向的且未被访问的所

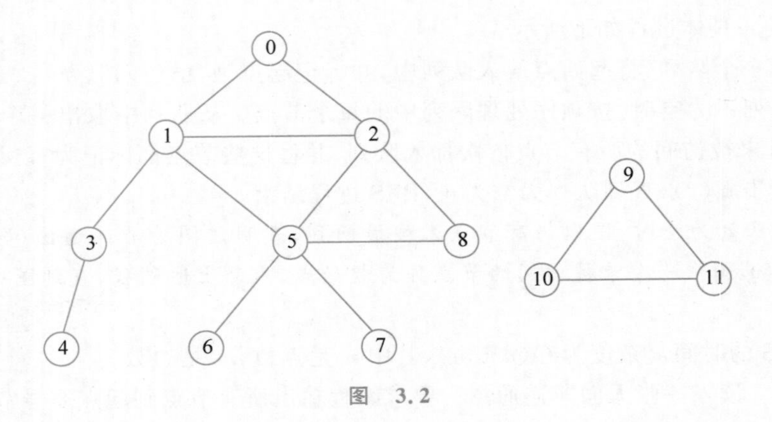

图 3.2

有节点依次加入到 Q 的队尾，并将这些节点标记为“已访问”，同时计算出这些节点到 0 号节点的距离，假设其中一个节点 y 到 0 号节点的距离用 dis[y]表示，则有 dis[y]=dis[x]+1。再将 x 移出队列。

(3) 重复步骤(2)，直到队列 Q 为空为止，BFS 过程结束。

(4) 遍历 dis[]数组，依次输出每个节点到 0 号节点的距离。

注意：由于该题读入的是一个无向非连通图，也就是该图含有多个连通分量，按要求将其他连通分量(不含 0 号节点)中的节点到 0 号节点的距离设定为−1。因此，可以将 dis[]数组初始化为−1，最后直接输出 dis[]数组即可。也可以在输出 dis[]数组时，先判断该节点是否被访问过，若是，输出值；否则输出−1。

编写程序：

根据以上算法解析，可以编写程序如图 3.3 所示。

```
00 #include<bits/stdc++.h>
01 using namespace std;
02 const int maxn=1e5+10;
03 vector<int> G[maxn];
04 queue<int> Q;
05 int n,m,dis[maxn];
06 bool vis[maxn];
07 int main(){
08     cin>>n>>m;
09     for(int i=0;i<m;i++){
10         int u,v; cin>>u>>v;
11         G[u].push_back(v);
12         G[v].push_back(u);
13     }
14     memset(dis,-1,sizeof(dis));  //将dis[]初始化为-1
15     dis[0]=0; vis[0]=1; Q.push(0);
16     while(!Q.empty()){
17         int x=Q.front(); Q.pop();
18         for(int i=0;i<G[x].size();i++){
19             int y=G[x][i];
20             if(!vis[y]){
21                 Q.push(y);
22                 vis[y]=1;
23                 dis[y]=dis[x]+1;
24             }
25         }
26     }
27     for(int i=0;i<n;i++) cout<<dis[i]<<" ";
28     cout<<endl;
29     return 0;
30 }
```

图 3.3

运行结果：

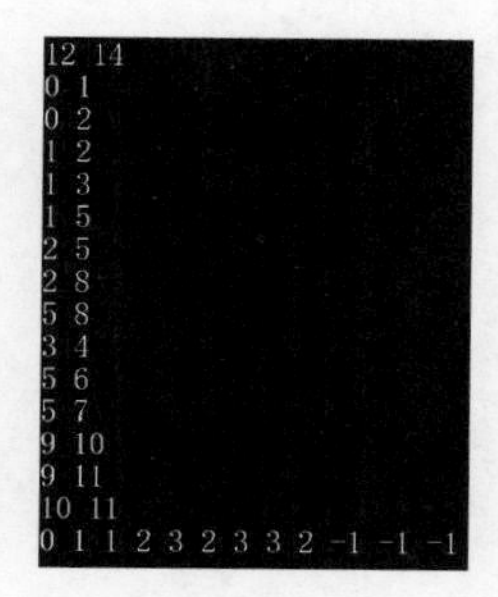

2. 深度优先搜索

深度优先搜索(depth first search,DFS)简称深搜,同 BFS 一样,也是一种用于遍历(或搜索)图的算法。但两种算法的思想并不相同。

深搜 DFS 的算法思想：按照一定的规则顺序,首先从某一个状态出发,沿着一条路径一直走下去,直到无路可走,然后再回退到刚访问过的上一个状态。继续按照原先设定规则顺序,重新寻找一条路径一直走下去。如此搜索,直到找到目标状态,或者遍历完所有状态为止。

(1) 深搜最显著的特征在于其递归调用自身。

(2) 与 BFS 类似,DFS 会对其访问过的节点标上访问标记,在遍历图时跳过已标记的节点,以确保每个节点仅访问一次。例如,对于图 3.4 所示的一个无向连通图,从 1 号节点进行 DFS,可以得到的一个访问序列：1,2,4,8,5,3,6,7(不唯一,由读入图的节点顺序决定)。

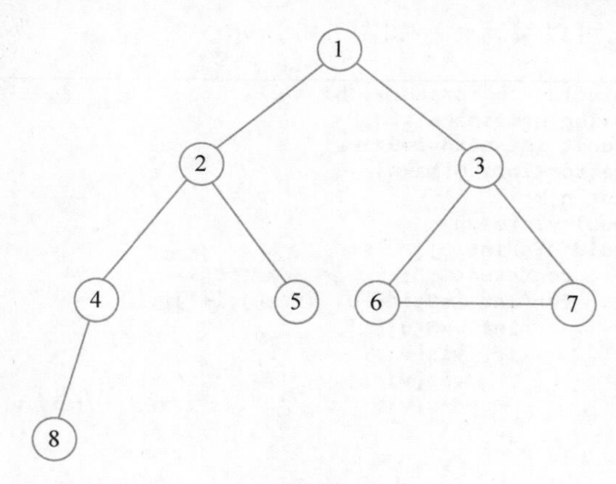

图 3.4

深搜 DFS 算法思想的实现：在深搜中,一般通过递归函数来实现。通常定义一个递归函数 dfs(int u),用以表示搜索到节点 u,在该函数中,依次遍历节点 u 的所有邻居,对节点 u 未被访问的邻居递归地调用自身进行同样的深搜。直到图中所有节点都被访问到为止。

注意：若图中仍有节点未被访问到,表明该图为非连通图,此时另选图中一个"未被访问"的节点作为起始点,重复上述过程,直到图中所有节点都被访问为止。

【例 3.2】 读入一张无向连通图。要求编程输出 DFS 依次访问每个节点的顺序,这个顺序也被称为 DFS 序。

输入：第一行为两个整数 n 和 m($1\leqslant n,m\leqslant 10^5$),分别表示图的点数和边数。接下来 m 行,表示 m 条边的两个端点。

输出：DFS序。

样例输入：

```
8 8
1 2
1 3
2 4
2 5
3 6
3 7
6 7
4 8
//(以图3.4为样例)
```

样例输出：

```
1 2 4 8 5 3 6 7
```

算法解析：

根据题意，使用深搜DFS算法解决该问题。

定义一个递归函数dfs(int u)，用以表示搜索到节点u。在该函数中，依次遍历u的所有邻居，对于节点u未被访问的邻居递归地调用函数dfs()。为了保证每个节点恰好被访问一次，通常创建一个vis[]数组用来标记每个节点是否被访问。也就是说，任选一个节点(1号节点)作为起点进行DFS，并用vis[]数组将该节点(1号节点)标记为“已访问”，然后调用dfs(1)即可访问连通图中的所有节点。

编写程序：

根据以上算法解析，可以编写程序如图3.5所示。

```
00 #include<bits/stdc++.h>
01 using namespace std;
02 const int maxn=1e5+10;
03 vector<int> G[maxn];
04 int n,m;
05 bool vis[maxn];
06 void dfs(int u){
07     cout<<u<<" ";          //输出dfs序
08     for(int i=0;i<G[u].size();i++){
09         int v=G[u][i];
10         if(!vis[v]){
11             vis[v]=1;      //标记已访问
12             dfs(v);        //递归调用u的一个邻居v
13         }
14     }
15 }
16 int main(){
17     cin>>n>>m;
18     for(int i=0;i<m;i++){
19         int u,v;
20         cin>>u>>v;
21         G[u].push_back(v);
22         G[v].push_back(u);
23     }
24     vis[1]=1;
25     dfs(1);
26     cout<<endl;
27     return 0;
28 }
```

图 3.5

运行结果：

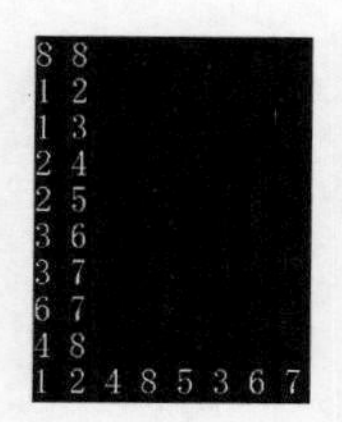

```
8 8
1 2
1 3
2 4
2 5
3 6
3 7
6 7
4 8
1 2 4 8 5 3 6 7
```

【例 3.3】 统计无向图的连通分量。给定一张图 G，要求编程求出图中的所有连通分量。如图 3.2 所示，该图有 2 个连通分量。

输入：第一行为两个整数 n 和 $m(1 \leqslant n, m \leqslant 10^5)$，分别表示图的点数和边数。接下来 m 行，表示 m 条边的两个端点。

输出：第一行输出图的连通分量的个数。接下来的每行，首先输出该连通分量的大小，然后依次输出每个节点。

样例输入：

```
5 4
1 2
3 4
3 5
4 5
```

样例输出：

```
2
2 1 2
3 3 4 5
```

算法解析：

以样例为例，如图 3.6 所示。

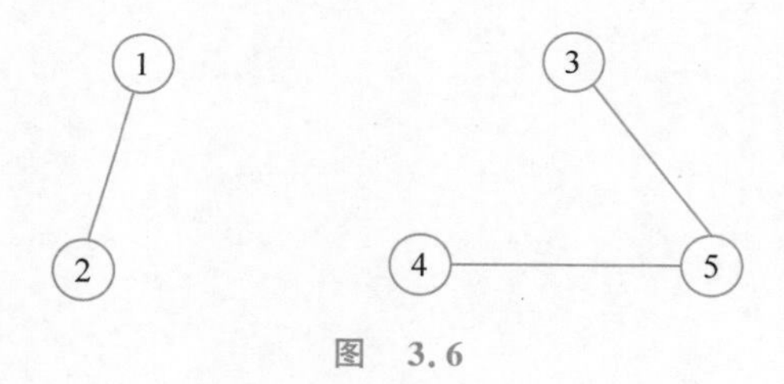

图 3.6

根据题意，使用 DFS 算法实现统计无向图的连通分量。

例 3.2 是一张无向连通图。而本题可能是无向连通图，也可能是无向非连通图。

(1) 若是连通图，直接对 1 号节点进行 DFS，会访问图的所有节点。

(2) 若是非连通图，对 1 号节点进行 DFS，会访问与 1 号节点在同一连通分量的所有节点，也就找到了图中包含 1 号节点的连通分量。然后，再找到第一个未被访问的节点 x，对 x 号节点进行 DFS，找到了图中包含 x 号节点的连通分量。重复上述过程，直到所有节点都被访问过，就找到了图的所有连通分量。

编写程序：

根据以上算法解析，可以编写程序如图 3.7 所示。

```
00 #include<bits/stdc++.h>
01 using namespace std;
02 const int maxn=1e5+10;
03 vector<int> G[maxn],ans[maxn];        //ans用于存放连通块
04 int n,m,cnt;                          //cnt用于统计连通块的个数
05 bool vis[maxn];
06 void dfs(int u){
07     ans[cnt].push_back(u);
08     for(int i=0;i<G[u].size();i++){
09         int v=G[u][i];
10         if(!vis[v]) vis[v]=1,dfs(v);
11     }
12 }
13 int main(){
14     cin>>n>>m;
15     for(int i=1;i<=m;i++){
16         int u,v; cin>>u>>v;
17         G[u].push_back(v);
18         G[v].push_back(u);
19     }
20     for(int i=1;i<=n;i++)         //按顺序访问每个连通块
21       if(!vis[i]){
22         cnt++; vis[i]=1;
23         dfs(i);
24       }
25     cout<<cnt<<endl;              //输出连通块的个数
26     for(int i=1;i<=cnt;i++){
27         cout<<ans[i].size(); //输出每个连通块的大小
28         for(int j=0;j<ans[i].size();j++)
29           cout<<' '<<ans[i][j];
30         cout<<endl;
31     }
32     return 0;
33 }
```

图 3.7

运行结果：

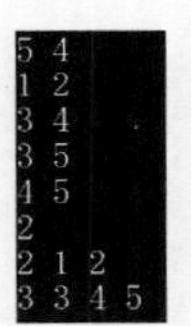

第4课 两场比赛

导学牌

(1) 掌握 BFS/DFS 的算法思想。

(2) 学会使用 BFS/DFS 解决两场比赛问题。

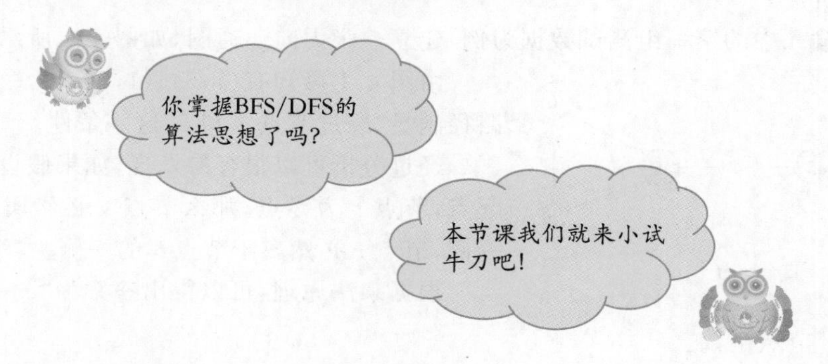

学习坊

【例 4.1】 两场比赛。给定一个有 n 个节点，m 条边的无向连通图以及两个节点 a 和 b。求有多少对(s,t)的路径一定会经过节点 a 和 b。

输入：多组测试数据。第一行包含一个正整数 $T(1\leqslant T\leqslant 4\times10^4)$，代表多组测试数据的数量。接下来是 T 组数据，每组数据的格式如下。

第一行包含四个整数 $n,m,a,b(4\leqslant n\leqslant 2\times10^5,n-1\leqslant m\leqslant 5\times10^5,1\leqslant a,b\leqslant n,a\neq b)$。

接下来的 m 行，每行包括两个整数，代表两个节点 s_i 和 $t_i(1\leqslant s_i,t_i\leqslant n,s_i\neq t_i)$。

测试数据中有点集之和$\leqslant 2\times10^5$，边集之和$\leqslant 5\times10^5$。

输出：T 行，分别对应 T 组数据的答案。

注：题目出自 https://www.luogu.com.cn/problem/CF1276B。

样例输入：

```
3
7 7 3 5
1 2
2 3
3 4
4 5
5 6
6 7
```

样例输出：

```
4
0
1
```

```
7 5
4 5 2 3
1 2
2 3
3 4
4 1
4 2
4 3 2 1
1 2
2 3
4 1
```

算法解析：

以样例输入中的第一组测试数据为例，建立一张无向连通图，如图 4.1 所示。

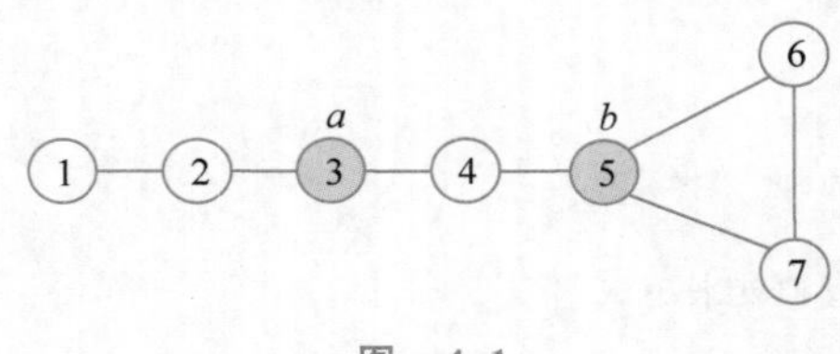

图 4.1

由图 4.1 可知有(1,6)、(1,7)、(2,6)、(2,7)四条路径满足“经过节点 3 和 5”这一条件。

经过分析可以很容易发现，如果假设以节点 s 为起点，节点 t 为终点，那么节点 s 必然属于节点 a 的一侧，节点 t 必然属于节点 b 的一侧。

根据乘法原理，可以得出答案为“a 一侧”节点个数×“b 一侧”节点个数。

思考：该如何判断哪些节点属于“a 一侧”，哪些节点属于“b 一侧”呢？

(1) 将节点 a 设成禁入点，从节点 b 出发开始 DFS(或 BFS)，所有不能到达的点都属于“a 一侧”。

(2) 将节点 b 设成禁入点，从节点 a 出发开始 DFS(或 BFS)，所有不能到达的点都属于“b 一侧”。

编写程序：

根据以上算法解析，可以编写程序如图 4.2 所示。

```
00 #include<bits/stdc++.h>
01 using namespace std;
02 const int maxn=2e5+10;
03 vector<int> G[maxn];
04 int n,m,a,b;
05 bool vis[maxn];
06 void dfs(int u){
07     vis[u]=1;
08     for(int i=0;i<G[u].size();i++){
09         int v=G[u][i];
10         if(!vis[v]) dfs(v);
11     }
12 }
13 void solve(){
14     cin>>n>>m>>a>>b;
15     for(int i=1;i<=n;i++) G[i].clear();
16     for(int i=1;i<=m;i++){
17         int u,v; cin>>u>>v;
18         G[u].push_back(v);
19         G[v].push_back(u);
20     }
21     int cnta=0,cntb=0;  //分别用来记录"a一侧"和"b一侧"的节点数
22     for(int i=1;i<=n;i++) vis[i]=0;
23     vis[a]=1; dfs(b);
```

图 4.2

```
24        for(int i=1;i<=n;i++) if(!vis[i]) cnta++;
25        for(int i=1;i<=n;i++) vis[i]=0;
26        vis[b]=1; dfs(a);
27        for(int i=1;i<=n;i++) if(!vis[i]) cntb++;
28        cout<<(long long) cnta*cntb<<endl;
29    }
30  int main(){
31        int T; cin>>T;
32        while(T--) solve();
33        return 0;
34    }
```

图 4.2(续)

运行结果:

```
3
7 7 3 5
1 2
2 3
3 4
4 5
5 6
6 7
7 5
4
4 5 2 3
1 2
2 3
3 4
4 1
4 2
0
4 3 2 1
1 2
2 3
4 1
1
```

程序说明:

在图论问题中,若是多组测试数据,应注意清空动态数组 $G[N]$(如图 4.2 中的第 15 行),以避免存储下一个图时出现错误。图 4.2 中的第 22～24 行,将节点 a 设为禁入点,以节点 b 为起点开始 DFS,找出"a 一侧"的所有节点个数。同样第 25～28 行,将节点 b 设为禁入点,以节点 a 为起点开始 DFS,找出"b 一侧"的所有节点个数。第 29 行,本题中节点 n 的数据范围为 2×10^5。在最坏的情况下,各一半的节点分别在"a 一侧"和"b 一侧",此时答案最高可达 10^{10} 数量级,因此应注意将相乘后的结果强制转换成 long long 类型。

第5课　寻找道路

导学牌

(1) 掌握 BFS/DFS 的算法思想。

(2) 学会使用 BFS/DFS 解决寻找道路问题。

学习坊

【例 5.1】　寻找道路。在有向图 G 中，每条边的长度均为 1，现给定起点和终点，请你在图中找一条从起点到终点的路径，该路径满足以下条件。

(1) 路径上的所有点的出边所指向的点都直接或间接与终点连通。

(2) 在满足条件 1 的情况下使路径最短。

注意：图 G 中可能存在重边和自环，题目保证终点没有出边。

请输出符合条件的路径的长度。

输入：第一行有两个用一个空格隔开的整数 n 和 m，表示图有 n 个点和 m 条边。

接下来的 m 行每行两个整数 x，y，之间用一个空格隔开，表示有一条边从点 x 指向点 y。

最后一行有两个整数 s，t，之间用一个空格隔开，表示起点为 s，终点为 t。

输出：一行，包含一个整数，表示满足题目描述的最短路径的长度。如果这样的路径不存在，输出－1。

注：题目出自 https://www.luogu.com.cn/problem/P2296。

样例输入 1：

```
3 2
1 2
2 1
1 3
```

样例输出 1：

```
-1
```

样例输入 2：

```
6 6
1 2
1 3
2 6
2 5
4 5
3 4
1 5
```

样例输出 2：

```
3
```

说明：

(1) 样例 1 解释。如图 5.1 所示，箭头表示有向道路。起点 1 与终点 3 不连通，所以不存符合条件的路径，故输出 −1 即可。

(2) 样例 2 解释。如图 5.2 所示，满足条件的路径为 1→3→4→5。注意节点 2 不在答案的路径中，因为节点 2 连了一条边到节点 6，而节点 6 不与终点 5 连通。

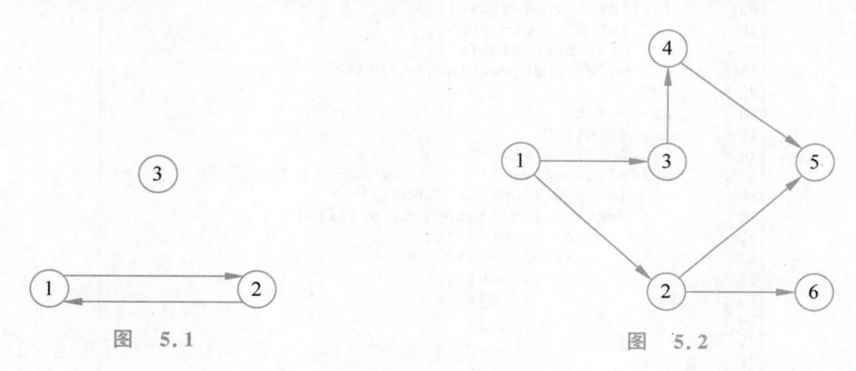

图 5.1　　　　图 5.2

数据范围：

(1) 对于 30% 的数据，$0<n\leqslant 10$，$0<m\leqslant 20$。

(2) 对于 60%的数据，$0<n\leqslant 100$，$0<m\leqslant 2000$。

(3) 对于 100%的数据，$0<n\leqslant 10^4$，$0<m\leqslant 2\times 10^5$，$0<x,y,s,t\leqslant n$，$x,s\neq t$。

算法解析：

根据题意，首先求出哪些节点可以到达终点，然后判断这些节点是否满足“它指向的节点都能到达终点”这一条件。最后，在满足条件的路径上求出最短路。

思考：该如何找出图 G 中有哪些节点可以到达终点 t 呢？

在此类“仅知终点，不知起点”的图论问题中，通常情况下可以建立一个反向图 nG，然后以终点 t 为起点进行 BFS(或 DFS)，找出 t 可以到达的节点。在反向图 nG 中，起点 t 可以到达的节点就表示在正向图 G 中终点 t 可以被这些节点到达，也就回答了“图 G 中有哪些节点可以到达终点 t”这一问题。

具体实现步骤如下。

(1) 建立图 G 的反向图 nG，从终点 t 出发进行 BFS(或 DFS)，找出图 G 中能到达终点 t 的所有节点。

(2) 遍历能到达终点 t 的所有节点，依次判断它的出边是否都可以到达终点 t。若可以，表示该节点是满足条件的点，否则为不满足条件的点。

(3) 删除不满足条件的节点，再从起点 s 出发进行 BFS，求出到达终点 t 的最短路。

运行结果：

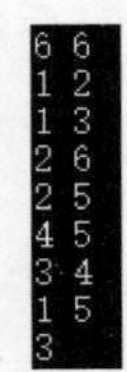

编写程序：

根据以上算法解析，可以编写程序如图 5.3 所示。

```
00 #include<bits/stdc++.h>
01 using namespace std;
02 const int maxn=2e5+10;
03 vector<int> G[maxn],nG[maxn];
04 bool vis[maxn];  //vis[u]表示u能到达t
05 bool ok[maxn];   //ok[u]表示所有指向的点都能到达v
06 int n,m,s,t,dis[maxn];
07 int main(){
08     cin>>n>>m;
09     for(int i=1;i<=m;i++){
10         int u,v; cin>>u>>v;
11         G[u].push_back(v);
12         nG[v].push_back(u); //建立反向图
13     }
14     cin>>s>>t;
15     queue<int> Q;
16     Q.push(t); vis[t]=1;
17     while(!Q.empty()){        //BFS找出所有能到达t的点
18         int u=Q.front(); Q.pop();
19         for(int i=0;i<nG[u].size();i++){
20             int v=nG[u][i];
21             if(!vis[v]){
22                 Q.push(v);
23                 vis[v]=1;
24             }
25         }
26     }
27     for(int u=1;u<=n;u++){  //判断哪些是满足条件的点
28         ok[u]=vis[u];
29         for(int i=0;i<G[u].size();i++){
30             int v=G[u][i];
31             if(!vis[v]) ok[u]=0;
32         }
33     }
34     if(!ok[s]){
35         cout<<-1<<endl;
36         return 0;
37     }
38     memset(vis,0,sizeof(vis));
39     Q.push(s); vis[s]=1;
40     while(!Q.empty()){        //BFS求出路径上的最短路
41         int u=Q.front(); Q.pop();
42         for(int i=0;i<G[u].size();i++){
43             int v=G[u][i];
44             if(!vis[v]&&ok[v]){
45                 Q.push(v);
46                 dis[v]=dis[u]+1;
47                 vis[v]=1;
48             }
49         }
50     }
51     if(!vis[t]) cout<<-1<<endl;
52     else cout<<dis[t]<<endl;
53     return 0;
54 }
```

图 5.3

第 6 课 算法实践园

导学牌

学会使用 BFS/DFS 解决实际问题。

实践园一：玉米迷宫

【题目描述】 奶牛去一个 $N \times M$ 玉米迷宫($2 \leqslant N \leqslant 300, 2 \leqslant M \leqslant 300$)。迷宫里有一些传送装置,可以将奶牛从一点到另一点进行瞬间转移。这些装置可以双向使用。如果一头奶牛处在这个装置的起点或者终点,这头奶牛就必须使用这个装置。玉米迷宫除了唯一的一个出口都被玉米包围。迷宫中的每个元素都由以下项目中的一项组成。

(1) 玉米,用“#”表示,这些格子是不可以通过的。

(2) 草地,用“.”表示,可以简单地通过。

(3) 传送装置,用每一对大写字母 A 到 Z 表示。

(4) 出口,用“=”表示。

(5) 起点,用“@”表示。

在某一格草地上的奶牛,可以向四个相邻的格子移动,花费 1 个单位时间。从装置的一个点到另一个点不花时间。

输入:第一行,两个整数 N 和 M,用空格隔开。第 2~(N+1)行:第 i+1 行描述了迷宫中第 i 行的情况(共有 M 个字符,每个字符中间没有空格)。

输出:一个整数,表示起点到出口所需的最短时间。

注:题目出自 https://www.luogu.com.cn/problem/P1825。

样例输入:

```
###=##
#.W.##
#.####
#.@W##
######
```

样例输出:

```
3
```

样例解释：

由样例可知，这是一个 5×6 的玉米迷宫，其中唯一一个装置的节点用大写字母 W 表示。最优方案为：先向右走到装置的节点，花费 1 个单位时间，再到装置的另一个节点上，花费 0 个单位时间，然后再向右走一个单位时间，再向上走一个单位时间，到达出口处，总共花费了 3 个单位时间。

算法提示：

本题是一道经典的 BFS 问题，若没有传送装置，则从起点出发进行 BFS，求出到达终点的最短时间即可。但本题要求必须使用传送装置，所以首先需对每个有传送装置的节点，预处理出其对应的传送节点的位置。然后再进行 BFS，在 BFS 过程中，若到达一个有传送装置的节点，无须将该节点加入队列，而应将其对应的传送节点加入队列中。

实践园一参考程序：

```
#include<bits/stdc++.h>
#define F first
#define S second
using namespace std;
typedef pair<int,int> pi;
queue<pi> Q;
char s[305][305];
int n,m,dis[305][305];
int dx[4] = {1,0,-1,0};
int dy[4] = {0,1,0,-1};
pi a[26],b[305][305];                //b[i][j]表示传送装置能到达的位置
int main(){
    cin>>n>>m;
    for(int i = 1;i <= n;i++) cin>>s[i] + 1;
    memset(dis,-1,sizeof(dis));      //初始化为-1,表示节点未被访问
    for(int i = 1;i <= n;i++)
      for(int j = 1;j <= m;j++){
        if(s[i][j]>='A'&&s[i][j]<='Z'){
            int id = s[i][j] - 'A';  //将大写字母按0~25编号
            if(a[id] == (pi){0,0}) a[id] = (pi){i,j}; //记录传送装置第一次出现的坐标
            else{                    //(i,j)和(a[id].F,a[id].S)可以相互到达
                b[i][j] = a[id];
                b[a[id].F][a[id].S] = (pi){i,j};
            }
        }
        if(s[i][j] == '@'){
            Q.push((pi){i,j});       //将起点加入队列
            dis[i][j] = 0;           //将起点花的时间设为0
        }
      }
      while(!Q.empty()){
        pi tmp = Q.front(); Q.pop();
        int x = tmp.F,y = tmp.S;
        for(int i = 0;i < 4;i++){
            int nx = x + dx[i];
            int ny = y + dy[i];
```

```
            if(nx < 1||nx > n||ny < 1||ny > m||s[nx][ny] == '#') continue;
            if(s[nx][ny]> = 'A'&&s[nx][ny]< = 'Z'){
                pi tmp = b[nx][ny];
                nx = tmp.F; ny = tmp.S;
            }
            if(dis[nx][ny] == - 1){
                dis[nx][ny] = dis[x][y] + 1;
                Q.push((pi){nx,ny});
            }
        }
    }
    for(int i = 1;i < = n;i++)
        for(int j = 1;j < = m;j++){
          if(s[i][j] == '=') cout << dis[i][j]<< endl;
        }
    return 0;
}
```

实践园二：乳草侵占

【题目描述】 农夫约翰一直努力让他的草地充满鲜美多汁且健康的牧草。可惜天不从人愿，他在植物大战人类中败下阵来。邪恶的乳草已经在他的农场的西北部分占领了一片立足之地。

草地像往常一样，被分割成一个高度为 $y(1\leqslant y\leqslant 100)$、宽度为 $x(1\leqslant x\leqslant 100)$ 的直角网格。(1,1)是左下角的格（坐标排布跟一般的 x，y 坐标相同）。乳草一开始占领了格(m_x, m_y)。每个星期，乳草传播到已占领的格子四面八方的每一个没有很多石头的格（包括垂直与水平相邻的和对角在线相邻的格）。1 周之后，这些新占领的格又可以把乳草传播到更多的格里面。

贝丝想要在草地被乳草完全占领之前尽可能地享用所有的牧草。她很好奇到底乳草要多久能占领整个草地。如果乳草在 0 时刻处于格(m_x, m_y)，那么它们会在哪个时刻可以完全占领整片草地呢？对给定的数据总是会发生。

输入：第一行有四个整数 x、y、m_x 和 m_y。接下来的 $y+1$ 行，每行用 x 个字符描述，其中“.”表示牧草，“*”表示石头。

输出：一个整数，表示乳草占领整个草地需要的时间。

注：题目出自 https://www.luogu.com.cn/problem/P2960。

样例输入：

```
4 3 1 1
....
..*.
.**.
```

样例输出：

```
4
```

算法提示：

本题中乳草占领的过程和从位置(m_x, m_y)进行 BFS 的过程是一致的，具体过程如下。

初始时，只有位置(m_x, m_y)长出乳草；

第 1 周后，所有与位置(m_x, m_y)距离$\leqslant 1$的位置长出乳草；

第 2 周后，所有与位置(m_x,m_y)距离≤2 的位置长出乳草；

按上述规律，第 k 周后，所有与位置(m_x,m_y)距离≤k 的位置长出乳草。

因此，以位置(m_x,m_y)为起点进行 BFS，在 BFS 过程中可以向 8 个方向扩展。

注意：本题的读入顺序有所不同，第一行读入的是列、行、列坐标、行坐标，接下来的 $y+1$ 行，是从最后一行开始到第一行倒着读入。

实践园二参考程序：

```
#include<bits/stdc++.h>
#define F first
#define S second
using namespace std;
typedef pair<int,int> pi;
queue<pi> Q;
char s[105][105];
int n,m,mx,my,ans;
int dx[8] = {1,0,-1,0,1,1,-1,-1};
int dy[8] = {0,1,0,-1,1,-1,1,-1};
int dis[105][105];
int main(){
    cin >> m >> n >> my >> mx;                          //读入的顺序:列、行、列坐标、行坐标
    for(int i = n;i >= 1;i--) cin >> s[i] + 1;         //从最后一行开始读入
    memset(dis,-1,sizeof(dis));
    Q.push((pi){mx,my}); dis[mx][my] = 0;
    while(!Q.empty()){
        pi tmp = Q.front(); Q.pop();
        int x = tmp.F,y = tmp.S;
        for(int i = 0;i < 8;i++){
            int nx = x + dx[i];
            int ny = y + dy[i];
            if(nx < 1||nx > n||ny < 1||ny > m||s[nx][ny] == '*') continue;
            if(dis[nx][ny] == -1){
                dis[nx][ny] = dis[x][y] + 1;
                Q.push((pi){nx,ny});
            }
        }
        ans = dis[x][y];
    }
    cout << ans << endl;
    return 0;
}
```

实践园三：幻象迷宫

【题目描述】 幻象迷宫可以认为是无限大的，不过它由若干个 $n \times m$ 的矩阵重复组成。矩阵中有的地方是道路，用“.”表示；有的地方是墙，用“#”表示。喵星人小白和小豆所在的位置用 S 表示。也就是对于迷宫中的一个点(x,y)，如果($x \bmod n$,$y \bmod m$)是“.”或者 S，那么这个地方是道路；如果($x \bmod n$,$y \bmod m$)是“#”，那么这个地方是墙。小白和小豆可以向上、下、左、右四个方向移动，当然不能移动到墙上。

请你告诉小白和小豆，它们能否走出幻象迷宫（如果它们能走到距离起点无限远处，就认为能走出去）。

输入：包含多组测试数据，以 EOF(end of file)结尾。每组数据的第一行是两个整数 n 和 m。

接下来是一个 $n\times m$ 的字符矩阵，表示迷宫里(0,0)到($n-1$,$m-1$)这个矩阵单元。

输出：对于每组数据，输出一个字符串，Yes 或者 No。

说明：

(1) 对于 30%的数据，$1\leqslant n,m\leqslant 20$；对于 50%的数据，$1\leqslant n,m\leqslant 100$；

(2) 对于 100%的数据，$1\leqslant n,m\leqslant 1500$，每个测试点不超过 10 组数据。

注：题目出自 https://www.luogu.com.cn/problem/P1363。

样例输入：

```
5 4
##.#
##S#
#..#
#.##
#..#
5 4
##.#
##S#
#..#
..#.
#.##
```

样例输出：

```
Yes
No
```

算法提示：

若从起点出发能够到达坐标(x,y)，同时能到达坐标($x+a*n$,$y+b*m$)，其中 a 和 b 不同时为零，说明可以到达无限远处。这是由于当能到达坐标($x+n$,$y+m$)，根据迷宫是由 $n\times m$ 的矩阵重复组成的特性，就能到达($x+2n$,$y+2m$)、($x+3n$,$y+3m$)、($x+4n$,$y+4m$)……

因此，在 DFS(或 BFS)过程中，仅需考虑每个到达的点，其横坐标对 n 取模，列坐标对 m 取模。假设取模后的坐标记为(x,y)，若两次到达坐标(x,y)且真实坐标不同，则说明可以到达无限远处。

实践园三参考程序：

```cpp
#include<bits/stdc++.h>
using namespace std;
const int maxn = 1505;
bool flag;
int dx[4] = {-1,0,1,0};
int dy[4] = {0,-1,0,1};
int n,m;
int px[maxn][maxn],py[maxn][maxn];
bool vis[maxn][maxn];
char s[maxn][maxn];
void dfs(int x,int y,int rx,int ry){      //(x,y):当前坐标取模后的值;(rx,ry):当前真实坐标
    px[x][y] = rx;
    py[x][y] = ry;
```

```
    vis[x][y] = 1;
    for(int i = 0;i < 4;i++){
        int nrx = rx + dx[i];
        int nry = ry + dy[i];
        int nx = (nrx % n + n) % n;
        int ny = (nry % m + m) % m;
        if(s[nx][ny] == '#') continue;
        if(!vis[nx][ny]) dfs(nx,ny,nrx,nry);
        else if(px[nx][ny]!= nrx||py[nx][ny]!= nry) flag = 1;
    }
}
void solve(){
    for(int i = 0;i < n;i++) cin >> s[i];
    memset(vis,0,sizeof(vis));
    flag = 0;
    for(int i = 0;i < n;i++)
        for(int j = 0;j < m;j++) if(s[i][j] == 'S') dfs(i,j,i,j);
    if(flag) cout <<"Yes"<< endl;
    else cout <<"No"<< endl;
}
int main(){
    while((cin >> n >> m)&&n&&m) solve();
    return 0;
}
```

实践园四：加工零件

【题目描述】 凯凯的工厂正在有条不紊地生产一种神奇的零件，神奇的零件的生产过程自然也很神奇。工厂里有 n 位工人，工人们从 $1\sim n$ 编号。某些工人之间存在双向的零件传送带。保证每两名工人之间最多只存在一条传送带。

如果 x 号工人想生产一个被加工到第 $L(L>1)$ 阶段的零件，则所有与 x 号工人有传送带直接相连的工人，都需要生产一个被加工到第 $L-1$ 阶段的零件(但 x 号工人自己无须生产第 $L-1$ 阶段的零件)。

如果 x 号工人想生产一个被加工到第 1 阶段的零件，则所有与 x 号工人有传送带直接相连的工人，都需要为 x 号工人提供一个原材料。

轩轩是 1 号工人。现在给出 q 张工单，第 i 张工单表示编号为 a_i 的工人想生产一个第 L_i 阶段的零件。轩轩想知道对于每张工单，他是否需要给别人提供原材料。聪明的你一定可以帮他计算出来!

输入：第一行有三个正整数 n、m 和 q，分别表示工人的数目、传送带的数目和工单的数目。接下来 m 行，每行两个正整数 u 和 v，表示编号为 u 和 v 的工人之间存在一条零件传输带。保证 $u\neq v$。接下来 q 行，每行两个正整数 a 和 L，表示编号为 a 的工人想生产一个第 L 阶段的零件。

输出：共 q 行，每行一个字符串 Yes 或者 No。如果按照第 i 张工单生产，需要编号为 1 的轩轩提供原材料，则在第 i 行输出 Yes；否则，在第 i 行输出 No。注意输出不含引号。

说明：共 20 个测试点。

对所有测试点保证 $1\leqslant u,v,a\leqslant n$。

测试点 1～4，$1\leqslant n,m\leqslant1000,q=3,L=1$。

测试点 5～8，$1\leqslant n,m\leqslant1000,q=3,1\leqslant L\leqslant10$。

测试点 9～12，$1\leqslant n,m,L\leqslant1000,1\leqslant q\leqslant100$。

测试点 13～16，$1\leqslant n,m,L\leqslant1000,1\leqslant q\leqslant10^5$。

测试点 17～20，$1\leqslant n,m,q\leqslant10^5,1\leqslant L\leqslant10^9$。

注：题目出自 https://www.luogu.com.cn/problem/P5663。

样例输入：

```
3 2 6
1 2
2 3
1 1
2 1
3 1
1 2
2 2
3 2
```

样例输出：

```
No
Yes
No
Yes
No
Yes
```

算法提示：

由题意可知，若 1 号到编号为 a 的工人之间存在一条长度为 L 的路径时，1 号工人需要提供原零件。该题中的路径可以是非简单路径，即可以重复经过相同的边。也就是说，若 u 到 v 之间存在一条长度为 x 的路径，那么 u 到 v 之间也同时存在长度为 $x+2$、$x+4$、$x+6$、…的路径。因此，仅需从 1 号节点出发，求出它到所有节点的偶数最短路和奇数最短路即可。

解题技巧：

将图中的每个节点 u 拆分成"偶点"和"奇点"两个点，分别用$(u,0)$表示偶点，$(u,1)$表示奇点。若原图中(u,v)之间存在一条边，则在$(u,0)$、$(v,1)$和$(u,1)$、$(v,0)$之间分别建立一条边。然后从$(1,0)$开始进行 BFS，分别求出 1 号到$(a,0)$的偶数最短路长度以及到$(a,1)$的奇数最短路长度。

实践园四参考程序：

```
#include <bits/stdc++.h>
#define F first
#define S second
using namespace std;
typedef pair<int,int> pi;
const int maxn = 1e5 + 5;
vector<int> G[maxn];
int n,m,q,dis[maxn][2];
queue<pi> Q;
int main(){
    cin >> n >> m >> q;
    for(int i = 1;i <= m;i++){
        int u,v; cin >> u >> v;
        G[u].push_back(v);
        G[v].push_back(u);
    }
    memset(dis, -1,sizeof(dis));
```

```
    dis[1][0] = 0; Q.push(pi{1,0});
    while(!Q.empty()){
        pi tmp = Q.front(); Q.pop();
        int u = tmp.F,o = tmp.S;
        for(int i = 0;i < G[u].size();i++){
            int v = G[u][i];
            if(dis[v][1 - o] == - 1){
                dis[v][1 - o] = dis[u][o] + 1;
                Q.push((pi){v,1 - o});
            }
        }
    }
    for(int i = 0;i < q;i++){
        int a,L; cin >> a >> L;
        if(dis[a][L&1]!= - 1&&dis[a][L&1]< = L) cout <<"Yes"<< endl;
        else cout <<"No"<< endl;
    }
    return 0;
}
```

Chapter 2

第2章

二分图

第7课　初识二分图

导学牌

(1) 理解二分图及二分图染色。

(2) 学会使用二分图染色判定二分图问题。

学习坊

1. 二分图

二分图(也称二部图,bipartite graph)是一种特殊的图。如果一个图的节点集可以被划分为两个互不相交的子集 U 和 V,并且满足每条边都有一个节点在子集 U 中,另一个节点在子集 V 中,那么这个图就是二分图。

【例 7.1】　对于图 7.1 来说,无向图 G 就是一个二分图,它的节点集被划分为两个子集 U 和 V,其中有 $U=\{1,2,3\}$,$V=\{4,5,6,7\}$。

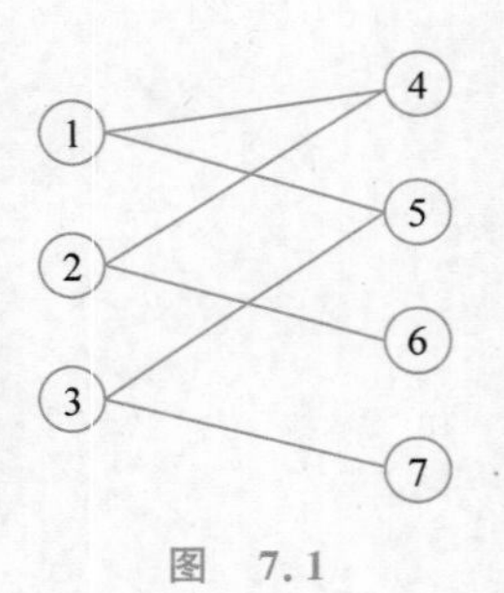

图　7.1

2. 二分图染色

二分图染色是一种用来判断给定图是否是二分图的算法。一般来讲,如果将一个图的所有节点染成二色图(以黑白色为例),使图中任意一条边的一端为黑色,另一端为白色,则该图是二分图,且该染色称为图的二分图染色。

【例 7.2】　对于图 7.2(a)来说,无向图 $G_1=(V_1,E_1)$可以进行二分图染色。假设从 1 号节点开始染色:首先将 1 号节点染成蓝色,然后将 2 号节点染成灰色,再将 3 号节点染成蓝色,最后将 4 号节点染成灰色。由于图中不存在相邻两个节点颜色相同,所以该图是二分图。

【例 7.3】　对于图 7.2(b)来说,无向图 $G_2=(V_2,E_2)$无法进行二分图染色。假设从

1号节点开始染色：首先将1号节点染成蓝色，然后将2号节点染成灰色，再将3号节点染成蓝色，由于此时出现相邻的1号和3号节点同为蓝色，说明染色失败，判断该图不是二分图。

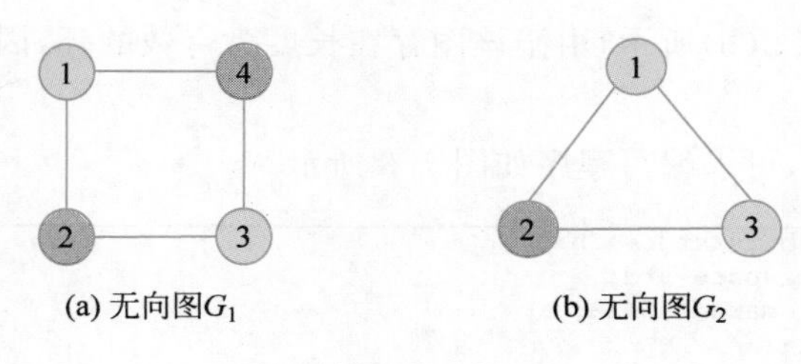

(a) 无向图G_1　　(b) 无向图G_2

图 7.2

注意：关于二分图有以下两个定理。

(1) 当且仅当图中不存在长度为奇数的环时，该图是二分图。

(2) 当且仅当一个图可以被二分图染色时，该图是二分图。

3. 二分图的判定

二分图判定问题是一个经典的图论问题，一般可以使用DFS(或BFS)算法等进行判断，在DFS过程中，尝试对图上每个节点进行染色，用0和1分别代表白色和黑色，具体步骤如下。

(1) 从一个未被访问的节点开始染色，并将其标记为白色(或黑色)。

(2) 在DFS过程中，如果通过节点u访问到节点v，则令v的颜色为$1-u$的颜色(如果u是白色0，$1-u$就是黑色1)。

(3) 在DFS过程中，如果访问到节点u时，发现邻居v已被访问，此时需判断节点u和v的颜色是否相同。若相同，则说明染色失败，判定该图为非二分图；若不同，则说明染色成功，判定该图为二分图。

【例7.4】 给定一个无向图G，请编程判断该图是否为二分图。

输入：第一行有两个用一个空格隔开的整数n和m($1\leqslant n,m\leqslant 10^6$)，表示图有$n$个点和$m$条边。接下来的$m$行，表示$m$条边的两个端点。

输出：若图G是二分图，则输出Yes以及每个节点的颜色；否则，输出No。

样例输入1：

```
4 4
1 2
2 3
1 4
3 4
```

样例输出1：

```
Yes
0 1 0 1
```

样例输入2：

```
3 3
1 2
2 3
3 1
```

样例输出2：

```
No
```

算法解析：

此处略，具体算法步骤可参考第 3 点二分图的判定。

对于样例 1，如图 7.2(a)所示。

对于样例 2，如图 7.2(b)所示，由于该图存在长度为奇数的环，因此并非二分图。

编写程序：

根据以上算法解析，可以编写程序如图 7.3 所示。

```
00 #include<bits/stdc++.h>
01 using namespace std;
02 const int maxn=1e6+10;
03 bool flag; //记录图是否是二分图
04 int ans,n,m,color[maxn],vis[maxn];
05 vector<int> G[maxn];
06 void dfs(int u,int o){
07     vis[u]=1; color[u]=o; //给节点u染上颜色o
08     for(int i=0;i<G[u].size();i++){
09         int v=G[u][i];
10         if(!vis[v]) dfs(v,1-o);
11         else if(color[u]==color[v])
12           flag=1;//u,v连边且颜色相同, 染色失败, 判定为非二分图
13     }
14 }
15 int main(){
16     cin>>n>>m;
17     for(int i=0;i<m;i++){
18         int u,v; cin>>u>>v;
19         G[u].push_back(v);
20         G[v].push_back(u);
21     }
22     for(int i=1;i<=n;i++) if(!vis[i]) dfs(i,0);  //不一定是连通图
23       if(flag) cout<<"No"<<endl;
24       else{
25         cout<<"Yes"<<endl;
26         for(int i=1;i<=n;i++) cout<<color[i]<<" ";
27       }
28       return 0;
29 }
```

图 7.3

运行结果：

第 8 课　封锁阳光大学

导学牌

学会使用二分图染色解决封锁阳光大学问题。

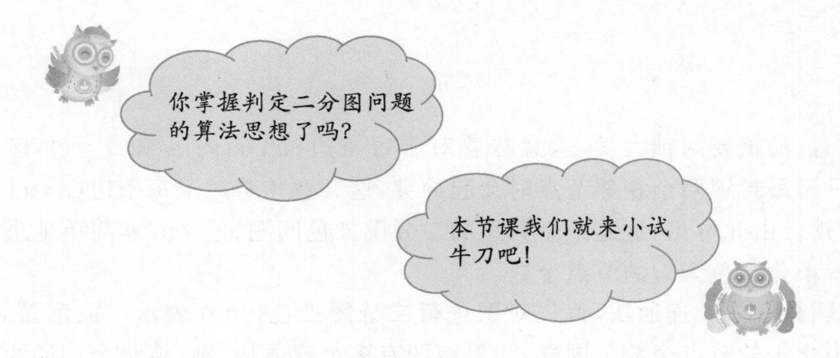

学习坊

【例 8.1】　封锁阳光大学。曹是一只爱“刷街”的老曹，暑假期间，他每天都欢快地在阳光大学的校园里“刷街”。河蟹看到欢快的曹，感到不爽。河蟹决定封锁阳光大学，不让曹“刷街”。阳光大学的校园是一张由 n 个点构成的无向图，n 个点之间由 m 条道路连接。每只河蟹可以对一个点进行封锁，当某个点被封锁后，与这个点相连的道路就被封锁了，曹就无法在这些道路上“刷街”了。非常悲剧的一点是，河蟹是一种不和谐的生物，当两只河蟹封锁了相邻的两个点时，它们会发生冲突。问最少需要多少只河蟹，可以封锁所有道路并且不发生冲突。

输入：第一行两个正整数，表示节点数和边数。接下来 m 行，每行两个整数 u、v，表示节点 u 到 v 之间有道路相连。

输出：一行，如果河蟹无法封锁所有道路，则输出 Impossible；否则，输出一个整数，表示最少需要多少只河蟹。

说明：对于 100％的数据，$0<n\leqslant 10^4$，$1<m\leqslant 10^5$，保证没有重边。

注：题目出自 https://www.luogu.com.cn/problem/P1330。

样例输入 1：

```
3 3
1 2
1 3
2 3
```

样例输出 1：

```
Impossible
```

样例输入 2：

```
10 10
1 2
1 3
2 4
3 4
4 5
4 6
5 7
6 7
8 9
8 10
```

样例输出 2：

```
4
```

算法解析：

根据题意，河蟹要封锁大学，这意味着对于每条边(u,v)的 u 和 v 至少有一个点被封锁，但当两只河蟹封锁两个相邻节点时会起冲突，这又意味着对于每条边(u,v)的 u 和 v 不能同时被封锁。由此可见，这是一个典型的二分图染色问题，但又并非简单地进行二分图的判定，而是最小化颜色为 1 的节点个数。

如果该图只有一个连通块，首先对图进行二分图染色，用 0 表示不放河蟹，1 表示放河蟹，然后最小化 1 的节点个数。同样，如果该图有多个连通块，则(将每个连通块看成一个独立的图)依次对每个连通块进行二分图染色，河蟹必须放在所有黑色节点(或白色节点)上，然后统计两色节点个数，取每个连通块中两色节点个数的最小值并相加。

对于样例 1，由于存在长度为奇数的环，因此无法进行二分图染色，判定为非二分图。

对于样例 2，如图 8.1 所示，该无向图含有两个连通块(图 G_1 和 G_2)，具体如下。

(1) 依次对每个连通块进行二分图染色，对图 G_1 进行染色，显然河蟹必须放在(图 G_1 的)所有蓝色节点上；再对图 G_2 进行染色，河蟹必须放在(图 G_1 的)灰色节点上。

(2) 统计每个连通块两色的数量，让答案加上(两色中)较小值即可。

(3) 答案为 4(图 G_1 中 3 个蓝色节点加上图 G_2 中 1 个灰色节点)。

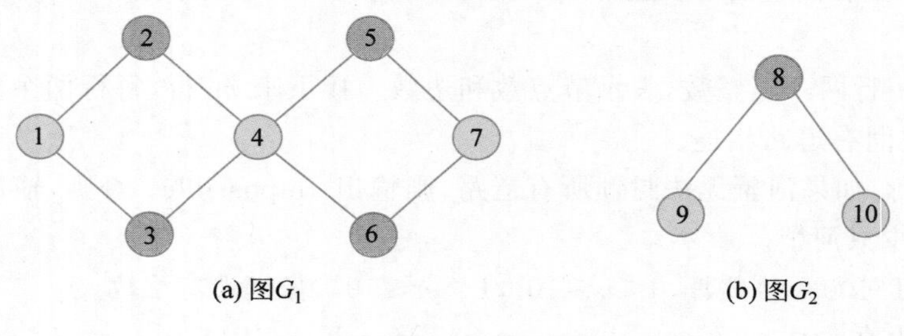

图 8.1

编写程序：

根据以上算法解析，可以编写程序如图 8.2 所示。

```
00 #include<bits/stdc++.h>
01 using namespace std;
02 const int maxn=1e6+10;
03 bool flag;
04 int ans,n,m,color[maxn],cnt[2],vis[maxn];
05 vector<int> G[maxn];
06 void dfs(int u,int o){
07     vis[u]=1; color[u]=o; cnt[o]++;
08     for(int i=0;i<G[u].size();i++){
09         int v=G[u][i];
10         if(!vis[v]) dfs(v,1-o);
11         else if(color[u]==color[v]) flag=1;
12     }
13 }
14 int main(){
15     cin>>n>>m;
16     for(int i=0;i<m;i++){
17         int u,v; cin>>u>>v;
18         G[u].push_back(v);
19         G[v].push_back(u);
20     }
21     for(int i=1;i<=n;i++) if(!vis[i]){
22         cnt[0]=cnt[1]=0; //分别记录当前连通块内染色为0和1的个数
23         dfs(i,0);
24         ans+=min(cnt[0],cnt[1]);
25     }
26     if(flag) cout<<"Impossible"<<endl;
27     else cout<<ans<<endl;
28     return 0;
29 }
```

图 8.2

运行结果：

第9课 关押罪犯

导学牌

学会使用判定二分图算法解决关押罪犯问题。

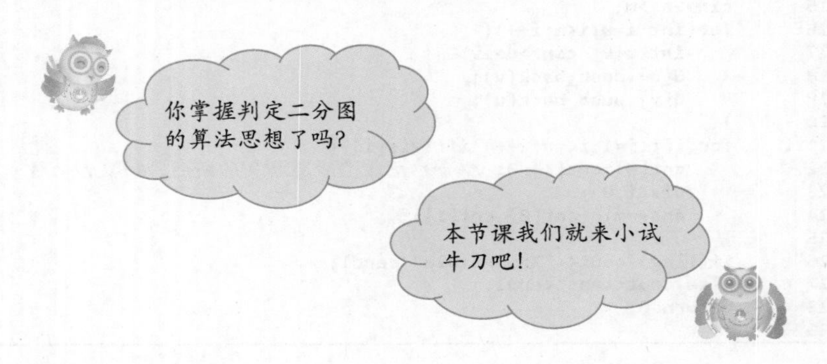

学习坊

【例 9.1】 关押罪犯。S 城现有两座监狱，一共关押着 N 名罪犯，编号分别为 1～N。他们之间的关系极不和谐。很多罪犯之间甚至积怨已久，如果客观条件具备则随时可能爆发冲突。我们用“怨气值”（一个正整数）表示某两名罪犯之间的仇恨程度，怨气值越大，则这两名罪犯之间的积怨越多。如果两名怨气值为 c 的罪犯被关押在同一监狱，他们俩之间会发生摩擦，并造成影响力为 c 的冲突事件。

每年年末，警察局会将本年内监狱中的所有冲突事件按影响力从大到小排成一个列表，然后上报到 S 城 Z 市长那里。公务繁忙的 Z 市长只会去看列表中的第一个事件的影响力，如果影响很坏，他就会考虑撤换警察局长。

在详细考察了 N 名罪犯间的矛盾关系后，警察局长觉得压力巨大。他准备将罪犯们在两座监狱内重新分配，以求产生的冲突事件影响力都较小。假设只要处于同一监狱内的某两个罪犯间有仇恨，那么他们一定会在每年的某个时候发生摩擦。

那么，应如何分配罪犯，才能使 Z 市长看到的那个冲突事件的影响力最小？这个最小值是多少？

输入：每行中两个数之间用一个空格隔开。第一行为两个正整数 N、M，分别表示罪犯的数目以及存在仇恨的罪犯对数。接下来的 M 行每行为三个正整数 a_j、b_j、c_j，表示 a_j 号和 b_j 号罪犯之间存在仇恨，其怨气值为 c_j。数据保证 $1<a_j \leqslant b_j \leqslant N$，$0<c_j \leqslant 10^9$，且每对罪犯组合只出现一次。

输出：一行，为 Z 市长看到的冲突事件的影响力。如果本年内监狱中未发生任何冲突事件，请输出 0。

说明：

(1) 对于 30%的数据有 $N \leqslant 15$。

(2) 对于 70%的数据有 $N \leqslant 2000, M \leqslant 50000$；对于 100% 的数据有 $N \leqslant 20000$, $M \leqslant 100000$。

注：题目出自 https://www.luogu.com.cn/problem/P1525。

样例输入：

```
4 6
1 4 2534
2 3 3512
1 2 28351
1 3 6618
2 4 1805
3 4 12884
```

样例输出：

```
3512
```

算法解析：

本题要求将 N 名罪犯重新分配到两座监狱中，使罪犯两两间冲突事件的最大影响力最小化。

首先考虑在什么情况下，罪犯间冲突事件的影响力为零呢？其实很容易想到，如果将罪犯按照二分图重新分配在两座监狱中，就可以使冲突事件的影响力为零，即当图是二分图时，影响力为零。但由于本题又要求最小化罪犯间冲突事件的最大影响力。因此，这是一道二分答案＋判断图是否构成二分图问题。

综上分析，问题转化成：判断重新分配罪犯时，(假设最大影响力为 x)能否让所有影响力大于 x 的冲突事件都不发生。换句话说，只保留影响力(边权值)大于 x 的边，重新构图并判断新图是否为二分图。

时间复杂度为 $O(m\log(\max(c_i)))$，c_i 表示罪犯间冲突事件的影响力。

编写程序：

根据以上算法解析，可以编写程序如图 9.1 所示。

```
00 #include<bits/stdc++.h>
01 using namespace std;
02 const int maxn=1e6+10;
03 bool flag;
04 int ans,n,m,c[maxn],vis[maxn];
05 int A[maxn],B[maxn],C[maxn];
06 vector<int> G[maxn];
07 void dfs(int u,int o){
08     vis[u]=1; c[u]=o;
09     for(int i=0;i<G[u].size();i++){
10         int v=G[u][i];
11         if(!vis[v]) dfs(v,1-o);
12         else if(c[u]==c[v]) flag=0;
13     }
14 }
15 bool check(int x){
16     for(int i=1;i<=n;i++)
17       vis[i]=0,G[i].clear();  //多次建图时须清空数组vis,G
18     for(int i=0;i<m;i++){
19         if(C[i]<=x) continue;
20         G[A[i]].push_back(B[i]);
21         G[B[i]].push_back(A[i]);
22     }
23     flag=1;
24     for(int i=0;i<n;i++)
```

图 9.1

```
25         if(!vis[i]) dfs(i,0);
26     return flag;
27 }
28 int main(){
29     cin>>n>>m;
30     for(int i=0;i<m;i++) cin>>A[i]>>B[i]>>C[i];
31     int l=-1,r=1e9;
32     while(r-l>1){
33         int mid=(l+r)/2;
34         if(check(mid)) r=mid;
35         else l=mid;
36     }
37     cout<<r<<endl;
38     return 0;
39 }
```

图 9.1（续）

运行结果：

```
4 6
1 4 2534
2 3 3512
1 2 28351
1 3 6618
2 4 1805
3 4 12884
3512
```

第 10 课 算法实践园

导学牌

学会使用二分图算法解决实际问题。

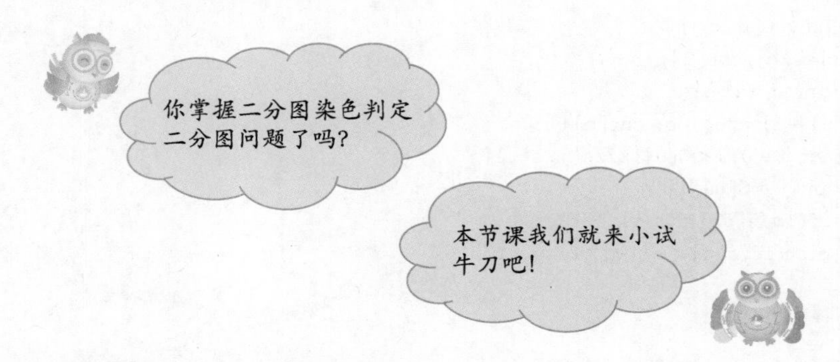

实践园一：构造二分图

给定一个 n 个点、m 条边的无向图,编程求出有多少对未经连接的点,在连接后满足该图是一个二分图。注意(u,v)和 (v,u)表示相同的点对。数据保证没有自环与重边。

输入：第一行有两个整数 n 和 m($2\leqslant n\leqslant 2\times 10^5$, $0\leqslant m\leqslant \min\{2\times 10^5, n(n-1)/2\}$),表示图有 n 个点和 m 条边。接下来的 m 行,表示 m 条边的两个端点 u_i, v_i($1\leqslant u_i, v_i\leqslant n$)。

输出：一个整数,问题的答案。

注：题目出自 https://www.luogu.com.cn/problem/AT_abc282_d。

样例输入：

```
5 4
4 2
3 1
5 2
3 2
```

样例输出：

```
2
```

算法提示：

本题应分原图是否为二分图两种情况进行考虑。

(1) 若原图非二分图,答案为 0,直接输出即可。

(2) 若原图是二分图,对于两点(u,v)来说,如果(u,v)不属于同一连通分量,那么连接(u,v)后,该图仍是二分图;如果(u,v)属于同一连通分量,须考虑该连通分量二分图染色后,u 和 v 必须属于不同颜色。但如果按照这样的方式来求解问题的答案,实际上是比较困难的。因此,不妨换个思路,将问题转换成:在所有未连接的点对(u,v)组中,删除不合法点对(u,v)。首先假设未相连的点对为 ans 组，则有 $ans=n*(n-1)/2-m$（其中 m 是已有的每条边）。然后对二分图的每个连通分量进行染色，假设颜色为 0 和 1 的节点个数分别为 x 和 y，则不合法的点对组有 $x*(x-1)/2+y*(y-1)/2$。最终问题的答案为 $ans-x*(x-1)/2-y*(y-1)/2$。

实践园一参考程序：

```
#include<bits/stdc++.h>
using namespace std;
const int maxn = 1e6 + 5;
bool vis[maxn],flag;
long long ans;
vector<int> G[maxn];
int n,m,c[maxn],cnt[2];
void dfs(int u,int o){
    vis[u] = 1; c[u] = o; cnt[o]++;
    for(int i = 0;i < G[u].size();i++){
        int v = G[u][i];
        if(!vis[v]) dfs(v,1 - o);
        else if(c[u] == c[v]) flag = 1;
    }
}
int main(){
    cin >> n >> m;
    for(int i = 1;i <= m;i++){
        int u,v; cin >> u >> v;
        G[u].push_back(v);
        G[v].push_back(u);
    }
    ans = (long long)n * (n - 1)/2 - m;                    //所有未连接的点对组
    for(int i = 1;i <= n;i++)
        if(!vis[i]){
            cnt[0] = cnt[1] = 0;
            dfs(i,0);
            ans -= (long long)cnt[0] * (cnt[0] - 1)/2; //删除颜色为 0 的点对组
            ans -= (long long)cnt[1] * (cnt[1] - 1)/2; //删除颜色为 1 的点对组
        }
    if(flag) cout << 0 << endl;
    else cout << ans << endl;
    return 0;
}
```

实践园二：二分图

给定 n 个点、$n-1$ 条边的连通图 G，求最多再添加多少边使二分图的性质成立。

输入：第一行包含一个整数 $n(1\leqslant n\leqslant 10^5)$，表示图有 n 个点。接下来的 $n-1$ 行，表示 $n-1$ 条边的两个端点 u 和 $v(1\leqslant u,v\leqslant n,u\neq v)$。

输出：一个整数，表示问题的答案。

注：题目出自 https://www.luogu.com.cn/problem/CF862B。

样例输入：

```
3
1 2
1 3
```

样例输出：

```
0
```

算法提示：

由题意可知，图 G 是一棵树，而树一定是可以进行二分图染色的（关于树的含义及相关性质可以参考本书第 4 章）。通过对图 G 进行染色，将颜色为 0 和 1 的节点集合分成两部分，并分别用 cnt_0 和 cnt_1 表示，则图 G 的总边数为 $cnt_0 * cnt_1$。因此，答案就是总边数减去题目中给出的边数，即答案为 $cnt_0 * cnt_1 - (n-1)$。

实践园二参考程序：

```
#include<bits/stdc++.h>
using namespace std;
const int maxn = 1e6 + 10;
vector<int> G[maxn];
int n,color[maxn],cnt[2];
void dfs(int u,int o){
    color[u] = o,cnt[o]++;
    for(int i = 0;i < G[u].size();i++){
        int v = G[u][i];
        if(color[v] == -1) dfs(v,1 - o);      //该图是二分图，直接染色即可
    }
}
int main(){
    cin >> n;
    for(int i = 1;i < n;i++){
        int u,v; cin >> u >> v;
        G[u].push_back(v);
        G[v].push_back(u);
    }
    memset(color,-1,sizeof(color));
    dfs(1,0);                              //该图是连通图，所以直接从节点 1 开始 dfs 即可
    cout <<(long long)cnt[0] * cnt[1] - (n - 1)<< endl;
    return 0;
}
```

实践园三：双栈排序

汤姆最近在研究一个有趣的排序问题。如图 10.1 所示，通过 两个栈 S_1 和 S_2，汤姆希望借助以下 4 种操作实现将输入序列升序排序。

操作 a：将第一个元素压入栈 S_1。

操作 b：将 S_1 栈顶元素弹出至输出序列。

操作 c：将第一个元素压入栈 S_2。

操作 d：将 S_2 栈顶元素弹出至输出序列。

S1

S2

图 10.1

如果一个 $1\sim n$ 的排列 P 可以通过一系列合法操作使得输出序列为$(1,2,\cdots,n-1,n)$，汤姆就称 P 是一个“可双栈排序排列”。例如，(1,3,2,4)就是一个“可双栈排序序列”，而(2,3,4,1)不是。图 10.2 描述了一个将 (1,3,2,4)排序的操作序列：a,c,c,b,a,d,d,b。

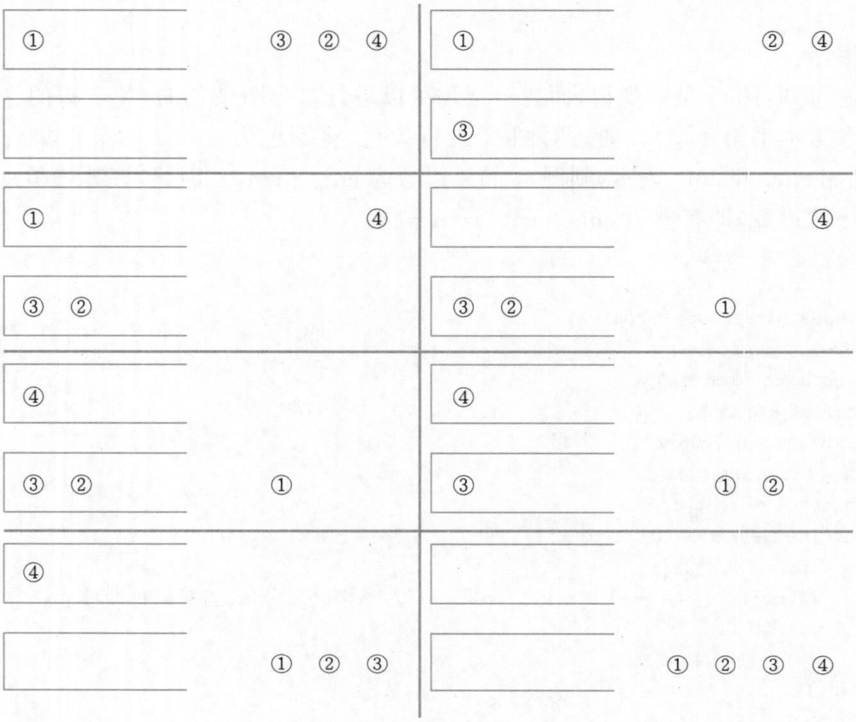

图 10.2

当然，这样的操作序列可能有几个，对于上例(1,3,2,4)，a,b,a,a,b,b,a,b 是另外一个可行的操作序列。汤姆希望知道其中字典序最小的操作序列是什么。

输入：第一行是一个整数 n。第二行有 n 个用空格隔开的正整数，构成一个 $1\sim n$ 的排列。

输出：一行，如果输入的排列不是“可双栈排序排列”，输出 0；否则，输出字典序最小的操作序列，每两个操作之间用空格隔开，行尾没有空格。

注：题目出自 https://www.luogu.com.cn/problem/P1155。

样例输入：

```
4
1 3 2 4
```

样例输出：

```
a b a a b b a b
```

算法提示：

在一个栈的情况下，当且仅当存在三个位置 i、j、k，满足 $i<j<k$ 且 $P_k<P_i<P_j$ 时，这个序列无法通过一个栈实现排序，例如，序列 $P=\{2,3,1\}$就是这样的序列。这是由于 P_k 要在 P_i 与 P_j 之前出栈，而 P_i 又需要在 P_j 之前出栈，这样就会产生矛盾。也就是说，如果在双栈的情况下，位置 i 和 j 不能进入同一个栈。

在双栈的情况下，首先预处理后缀 min：$f_i=\min\{P_j\}, i\leqslant j\leqslant n$。对于 $i<j$，如果有 $f_{j+1}<P_i<P_j$，那么在 i 和 j 之间连一条边，判断是否为二分图，若不是，则说明不存在一组合法的解，直接输出 0 即可。然后使用贪心算法输出字典序最小的方案。具体步骤如下。

(1) 二分图染色时，尽可能地让较小的节点颜色为 0(颜色为 0 进入第 1 个栈，颜色为 1 的进入第 2 个栈)。

(2) 每次操作尽可能地选择最小的输出。

① 若当前第一个栈顶元素比下一个进栈元素大，则进栈 S_1。

② 若当前第一个栈顶元素是下一个该出栈的元素，则 S_1 出栈。

③ 若当前第二个栈顶元素比下一个进栈元素大，则进栈 S_2。

④ 若当前第二个栈顶元素是下一个该出栈的元素，则 S_2 出栈。

时间复杂度为 $O(n^2)$。

实践园三参考程序：

```
#include <bits/stdc++.h>
using namespace std;
bool G[1005][1005];
int a[1005],f[1005],color[1005],n;
stack<int> st1,st2;
void dfs(int u,int o){
    color[u] = o;
    for(int v = 1;v <= n;v++){
        if(G[u][v]){
            if(color[v] == -1) dfs(v,1 - o);
            else if(color[u] == color[v]){
                cout << 0 << endl;
                exit(0);            //退出整个程序
            }
        }
    }
}
int main(){
    cin >> n;
    for(int i = 1;i <= n;i++) cin >> a[i];
    f[n + 1] = n + 1;
    for(int i = n;i >= 1;i--)
        f[i] = min(f[i + 1],a[i]);    //预处理后缀 min
    for(int i = 1;i <= n;i++)
        for(int j = i + 1;j <= n;j++){
            if(f[j + 1]< a[i]&&a[i]< a[j])
              G[i][j] = G[j][i] = 1;//在 i 和 j 之间连一条边
        }
    memset(color, -1,sizeof(color));
    for(int i = 1;i <= n;i++) if(color[i] == -1) dfs(i,0);
    a[0] = n + 1;
    st1.push(0); st2.push(0);
    int cur = 1;                    //表示当前要入栈的是 a[cur]
    int pos = 1;                    //表示当前要出栈的是 pos
```

```
    while(pos <= n){
        if(cur <= n&&color[cur] == 0&&a[cur]< a[st1.top()]){
            cout <<"a "; st1.push(cur); cur++;
        }else if(a[st1.top()] == pos){
            cout <<"b "; st1.pop(); pos++;
        }else if(cur <= n&&color[cur] == 1&&a[cur]< a[st2.top()]){
            cout <<"c "; st2.push(cur); cur++;
        }else{
            cout <<"d "; st2.pop(); pos++;
        }
    }
    cout << endl;
    return 0;
}
```

实践园四：队员分组

有 n 个人从 $1\sim n$ 编号，相互之间有一些认识关系，你的任务是把一些人分成两组，使得满足以下三个条件。

(1) 每个人都被分到其中一组。

(2) 每个组至少有一个人。

(3) 一组中的每个人都认识其他同组成员。

在满足上述条件的基础上，要求两组成员的人数之差(绝对值)尽可能小。请构造一种可行的方案。

注意：x 认识 y 不一定说明 y 认识 x；x 认识 y 且 y 认识 z 不一定说明 x 认识 z。即认识关系是单向且不可传递的。

输入：第一行是一个整数，代表总人数 $n(2\leqslant n\leqslant 100)$。

接下来的 n 行，每行有若干个互不相同的整数，以 0 结尾，第 $i+1$ 行的第 j 个整数 $a_{i,j}$(0 除外)代表第 i 个人认识 $a_{i,j}(1\leqslant a_{i,j}\leqslant n)$。

输出：如果无解，请输出一行一个字符串 No solution。如果有解，请输出两行整数，分别代表两组的成员。每行的第一个整数是该组的人数，后面以升序的若干个整数代表该组的成员编号，数字间用空格隔开。

注：题目出自 https://www.luogu.com.cn/problem/P1285。

样例输入：

```
5
2 3 5 0
1 4 5 3 0
1 2 5 0
1 2 3 0
4 3 2 1 0
```

样例输出：

```
3 1 3 5
2 2 4
```

算法提示：

本题是一道二分图染色+动态规划问题。由题意可知，对于两个人 a 和 b，如果他们不是相互认识的，那么他们不能分在同一组，也就是说，在 a 和 b 之间连一条边，然后判断该图是否为二分图，若不是，则无解；若是，则找到最优的分组。

思考：如何寻找最优的分组，使得两组成员（假设分成 S 和 T 两组）的人数之差的绝对值（即 $|S|-|T|$）尽可能小呢？

其实该问题本质上就是一个 01 背包问题。假设对于图中的每个连通块，进行二分图染色后，颜色为 0 和 1 的点的集合分别为 A 和 B，则需要将 A 加入 S，B 加入 T；反之亦然。

首先，定义状态 $f(i,j)$：用来表示在前 i 个连通块中选取颜色 0 或 1 的数量是否能达到容量 j。

然后，计算 $f(i,j)$ 时，可以考虑第 i 个连通块选取的是颜色 0 还是 1 而分为两种策略，从而得到以下递推关系：

$$f(i,j)=\begin{cases}f(i-1,j-a[i][0]) & (j\geqslant a[i][0])\\ f(i-1,j-a[i][1]) & (j\geqslant a[i][1])\end{cases}$$

最后，由于要使 $|S|-|T|$ 的绝对值尽可能小，又有 $|T|=n-|S|$，所以最终目标其实是让 $|S|$ 与 $n/2$ 尽量能接近。即通过 $f(i,j)$ 求出 $|S|$ 的所有可能值，取与 $n/2$ 最接近的可行的值作为答案即可。

时间复杂度为 $O(n^2)$。

注意：由于本题要求输出的是具体的方案数，因此还可以建立一个前驱数组 pre[][]，用来表示一种方案是从哪种方案（颜色 0 或 1）转移而来的。

实践园四参考程序：

```
#include <bits/stdc++.h>
using namespace std;
const int maxn = 1e6 + 3;
bool vis[105],flag;
bool f[105][105];
bool dp[105][105];                    //dp[i][j] 前 i 个连通块总和能否为 j
int pre[105][105],col[105];
vector<int> b[105][2];
int n,m,k,a[105][2],cnt[2];          //a[i][]表示第 i 个连通块 0,1 颜色数
void dfs(int u,int c){
    vis[u] = 1; col[u] = c; cnt[c]++;
    b[k][c].push_back(u);
    for(int v = 1;v <= n;v++){
        if(u == v) continue;
        if(f[u][v]&&f[v][u]) continue;
        if(!vis[v]){
            dfs(v,1 - c);
        }else{
            if(col[u] == col[v]) flag = 1;
        }
    }
}
int main(){
    cin >> n;
    for(int i = 1;i <= n;i++){
        while(1){
            int x; cin >> x;
```

```
            if (x == 0) break;
            f[i][x] = 1;
        }
    }
    for(int i = 1;i <= n;i++) if(!vis[i]){
        cnt[0] = cnt[1] = 0;
        k++; dfs(i,0);
        a[k][0] = cnt[0]; a[k][1] = cnt[1];
    }
    if(flag){
        cout << "No solution" << endl;
        return 0;
    }
    dp[0][0] = 1;
    for(int i = 1;i <= k;i++)
        for(int j = 0;j <= n;j++){
            if(j >= a[i][0]&&dp[i - 1][j - a[i][0]]){
                dp[i][j] = 1;
                pre[i][j] = 0;
            }
            if(j >= a[i][1]&&dp[i - 1][j - a[i][1]]){
                dp[i][j] = 1;
                pre[i][j] = 1;
            }
        }
    int p = -1;
    for(int i = n/2;i >= 0;i--) if(dp[k][i]){
        p = i;
        break;
    }
    vector<int> ans0,ans1;
    for(int i = k;i >= 1;i--){
        int o = pre[i][p]; //o = 0 或 1
        for(int j = 0;j < b[i][o].size();j++) ans0.push_back(b[i][o][j]);
        for(int j = 0;j < b[i][1 - o].size();j++) ans1.push_back(b[i][1 - o][j]);
        p -= a[i][o];
    }
    sort(ans0.begin(),ans0.end());
    sort(ans1.begin(),ans1.end());
    cout << ans0.size();
    for(int i = 0;i < ans0.size();i++) cout << " " << ans0[i]; cout << endl;
    cout << ans1.size();
    for(int i = 0;i < ans1.size();i++) cout << " " << ans1[i]; cout << endl;
    return 0;
}
```

Chapter 3

第3章

拓扑排序

第 11 课　初识拓扑排序

导学牌

(1) 理解有向无环图的含义。

(2) 掌握拓扑排序与有向无环图的关系。

(3) 掌握拓扑排序算法的基本思想及其算法实现。

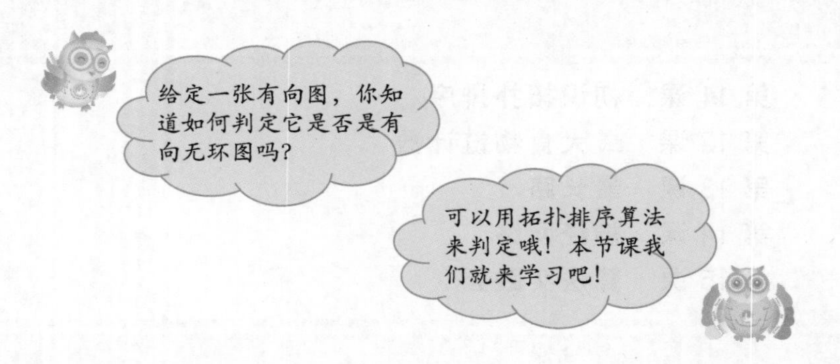

学习坊

1. 有向无环图

在图论中,如果一个有向图无法从某个节点出发,经过若干条边又回到该节点,则这个图可称为有向无环图(directed acyclic graph,DAG)。

【例 11.1】　对于图 11.1(a)来说,图 G_1 是一个有向无环图；而对于图 11.1(b)来说,从节点 A 出发经过节点 D 和 B,又回到了节点 A,形成了一个环路,这就说明图 G_2 不是一个有向无环图。

图　11.1

2. 拓扑排序

在有向图中,对所有节点进行排序,如果排序后能满足对于图中任意一条从节点 u 到节点 v 的边,都存在节点 u 排在节点 v 之前,那么称这个序列是图的一个拓扑序列,简称拓扑序。如图 11.1(a)中，$BACD$ 和 $CBAD$ 都是图的拓扑序(拓扑序不唯一)。

如果一个图不是有向无环图，那么拓扑序是不存在的。因为如果有环，那么对于环路上的两个节点 u 和 v，既可以认为 u 在 v 之前，也可以认为 v 在 u 之前，它们之间的先后顺序是不确定的，这就与拓扑序的含义相矛盾了。如图 11.1 (b)中，既可以认为 A 在 D 之前，也可以认为 D 在 A 之前。

定理：当且仅当一张图是有向无环图时它才可以进行拓扑排序。

3. 拓扑排序算法

Kahn 算法是一种最常用的拓扑排序算法。它是基于贪心的算法思想。其基本思路是首先维护一个入度为 0 的节点集合，然后从该集合中选取一个节点进行处理，即将该节点放入结果序列中，并删除该节点及其引出的所有关联边。再更新相关联节点的入度，如果一个节点的入度更新后变为 0，则将该节点加入到入度为 0 的节点集合中。重复这个过程，直到入度为 0 的节点集合为空。最后，若图中仍有未处理的节点，说明该图存在环路，无法进行拓扑排序；否则可以进行拓扑排序，且结果序列就是该图的一个拓扑序。

【例 11.2】 给定一张有向无环图 G，如图 11.2 所示，求该图的一个拓扑序列。

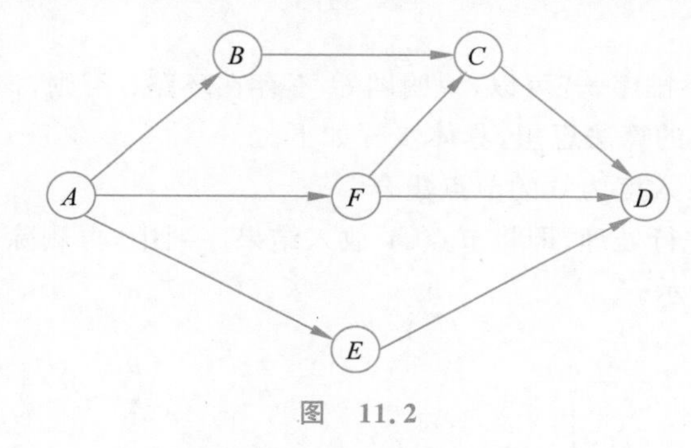

图 11.2

根据拓扑排序算法的算法思想，步骤及图示过程如下。

(1) 将节点 A 加入入度为 0 的节点集合。

(2) 选取节点 A 进行处理，即将节点 A 放入结果序列中，此时结果序列为$\{A\}$，再删除节点 A 及其引出的所有关联边，如图 11.3(a)所示。

(3) 更新入度为 0 的节点集合，即将节点 B、E、F 加入该集合。

(4) 依次选取节点 B、E、F 进行处理。首先选取节点 B，将其放入结果序列中，此时结果序列为$\{A,B\}$，再删除节点 B 及其引出的所有关联边，如图 11.3(b)所示。类似地，依次选取节点 E、F 进行处理，处理后如图 11.3(c)和图 11.3(d)所示。此时的结果序列为$\{A,B,E,F\}$。

(5) 更新入度为 0 的节点结合，即将节点 D 加入该集合。

(6) 选取节点 D 进行处理，如图 11.3(e)所示。处理完节点 D 之后，图中已无再需处理的节点，且入度为 0 的节点集合已为空，执行过程到此结束。此时的结果序列为$\{A,B,E,F,C,D\}$。

由上述分析可知，序列$\{A,B,E,F,C,D\}$就是图 11.2 的一个拓扑序列。

【例 11.3】 给定一张有向图 G，如图 11.4 所示，检测该图是否存在环路。

根据定理当且仅当一张图是有向无环图时，该图可以进行拓扑排序。因此，仅需要判断

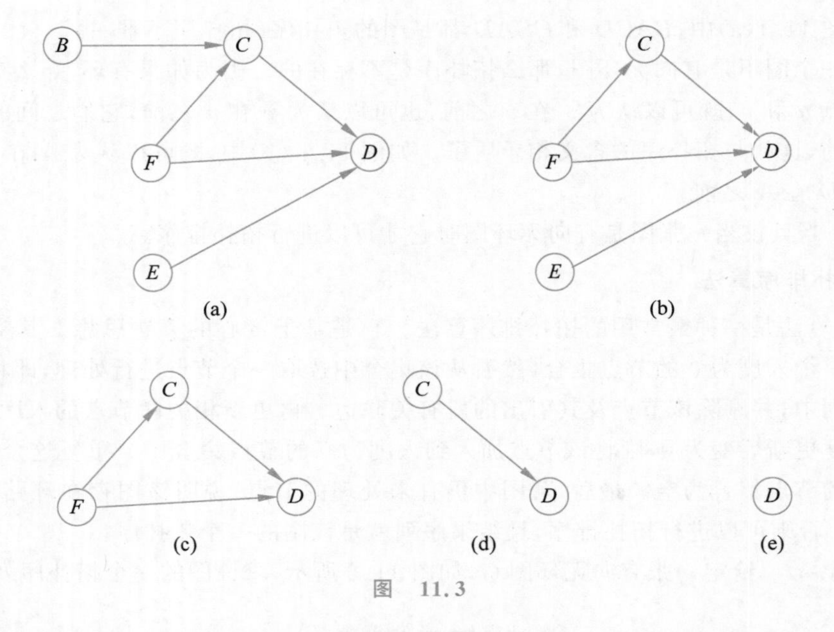

图 11.3

图 G 是否可以进行拓扑排序，若可以，说明图 G 不存在环路；否则，该图存在环路。

根据拓扑排序算法的算法思想，具体步骤如下。

(1) 将节点 A 加入入度为 0 的节点集合。

(2) 选取节点 A 进行处理，即将节点 A 放入结果序列中，再删除节点 A 及其引出的所有关联边，如图 11.5 所示。

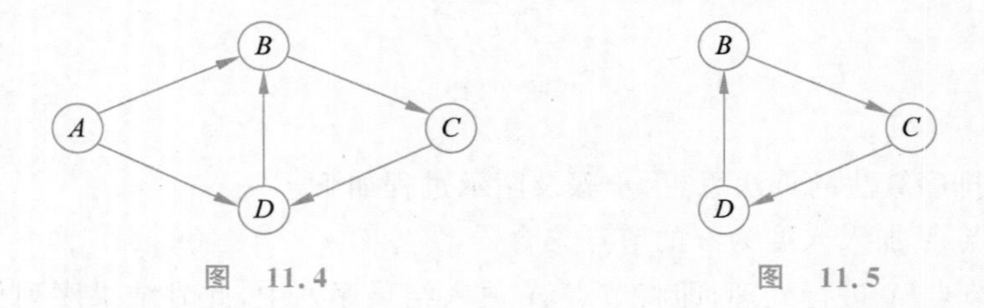

图 11.4　　　图 11.5

(3) 由于节点$\{B,C,D\}$的入度均不为零，所以已无新节点可以加入入度为零的集合即该集合为空，执行过程到此结束。但图中仍有未处理的节点$\{B,C,D\}$，这就说明图 G 是无法进行拓扑排序的，即该图存在环路。

4. 拓扑排序的算法实现

拓扑排序的算法通常使用队列(queue)数据结构来实现。假设在一个有向无环图 $G=(V,E)$，其中 V 表示点集，E 表示边集，节点 u 和 $v\in V$ 且有 u 连向 v 的边$(u\rightarrow v)\in E$，该图的一个拓扑序的具体实现步骤如下。

(1) 用数组 $d[u]$记录节点 u 的入度数。

(2) 用一个序列 ans 记录拓扑序，初始时为空。

(3) 用一个队列 Q 记录所有加入拓扑序的点，初始时为空。

(4) 将所有入度 $d[u]=0$ 的节点加入队列 Q。

(5) 若队列 Q 非空，取出 Q 头部的元素，加入序列 ans，然后删除节点 u，同时对于所有点 u 连向的点 v，令 $d[u]=d[v]-1$(删除以节点 u 为起点的所有关联边)，若造成新的点的入度为 0，则将点加入 Q。

(6) 重复第(5)点直到队列 Q 为空。

(7) 输出序列 ans。

【例 11.4】 给定一张有向图 G，要求找到 G 的一个拓扑序。如果 G 不是一个有向无环图，输出 −1 即可。

输入：第一行，两个整数 n 和 $m(1\leqslant n,m\leqslant 10^5)$，表示图 G 有 n 个点和 m 条边。接下来 m 行，分别表示 m 条边的两个端点。

输出：如果图 G 可以拓扑排序，输出一个拓扑序列；否则，输出 −1。

样例输入 1：

```
4 4
1 2
1 3
2 4
3 4
```

样例输出 1：

```
1 2 3 4
```

样例输入 2：

```
4 4
1 2
2 3
3 4
4 2
```

样例输出 2：

```
-1
```

算法解析：

根据题意，可以使用拓扑排序算法来判断有向图 G 是否有环。如果有环，输出 −1；否则，输出图 G 的一个拓扑序。具体实现过程如上文“拓扑排序的算法实现”中所示，此处略。

以样例 1 和样例 2 为例，可以画出如图 11.6(a)和图 11.6(b)所示的图。

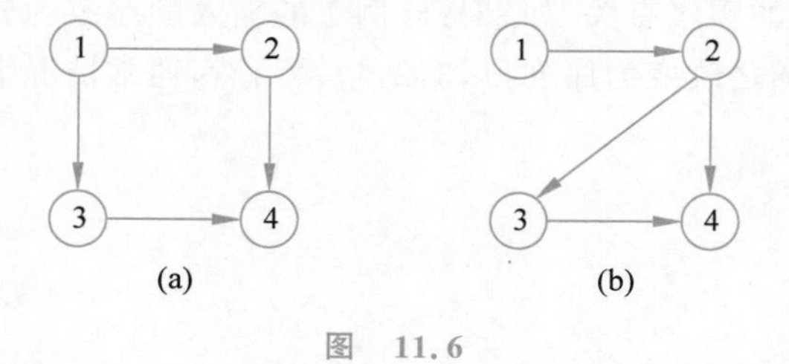

图 11.6

显然，根据上述拓扑排序算法的思想，可以得出序列{1,2,3,4}和{1,3,2,4}均是图 11.6(a)的拓扑序；而图 11.6(b)不是一个有向无环图，因此无法进行拓扑排序，所以输出 −1 即可。

参考程序：

根据以上算法解析，可以编写程序如图 11.7 所示。

```
00 #include<bits/stdc++.h>
01 using namespace std;
02 const int maxn=1e6+5;
03 vector<int> G[maxn],ans;
04 queue<int> q;
05 int n,m,d[maxn];
06 void toposort(){
07     for(int i=1;i<=n;i++) if(d[i]==0) q.push(i);
08     while(!q.empty()){
09         int u=q.front(); q.pop();  //取出队首元素，删除队首元素
10         ans.push_back(u);          //将队首元素加入结果序列ans
11         for(int i=0;i<G[u].size();i++){
12             int v=G[u][i];
13             d[v]--;                //删除u连向的v，即v的入度减1
14             if(d[v]==0) q.push(v); //将新增入度为0的点加入队列q
15         }
16     }
17     if(ans.size()==n){
18         for(int i=0;i<n;i++) cout<<ans[i]<<" ";
19         cout<<endl;
20     }else cout<<"-1"<<endl;
21 }
22 int main(){
23     cin>>n>>m;
24     for(int i=0;i<m;i++){
25         int u,v; cin>>u>>v;
26         G[u].push_back(v);
27         d[v]++;
28     }
29     toposort();
30     return 0;
31 }
```

图 11.7

运行结果：

```
4 4
1 2
1 3
2 4
3 4
1 2 3 4
```

思考：对于样例1来说，为什么运行结果是序列{1,2,3,4}，而非序列{1,3,2,4}呢？

运行结果与输入时的顺序有关，如果将样例1的输入顺序改为先输入(1,3)，再输入(1,2)，那么运行结果将会随之改变为序列{1,3,2,4}。当然，通常情况下，找到图的一个拓扑序即可。

第 12 课　最大食物链计数

导学牌

学会使用拓扑排序算法解决最大食物链计数问题。

学习坊

【例 12.1】　最大食物链计数。给出一个食物网,要求求出这个食物网中最大食物链的数量。最大食物链是指生物学意义上的食物链,即最左端是不会捕食其他生物的生产者,最右端是不会被其他生物捕食的消费者。

由于这个结果可能过大,只需要输出总数模上 80112002 的结果。

输入:第一行,两个正整数 n、m,表示生物种类 n 和吃与被吃的关系数 m。接下来 m 行,每行两个正整数 A 和 B,表示被吃的生物 A 和吃 A 的生物 B。

输出:一行一个整数,为最大食物链数量模 80112002 的结果。

说明:数据中不会出现环,满足生物学的要求。对于 20%的数据,$n \leqslant 40$,$m \leqslant 400$;对于 40%的数据,$n \leqslant 100$,$m \leqslant 2000$;对于 60%的数据,$n \leqslant 1000$,$m \leqslant 60000$;对于 80%的数据,$n \leqslant 2000$,$m \leqslant 200000$;对于 100%的数据,$n \leqslant 5000$,$m \leqslant 500000$。

注:题目出自 https://www.luogu.com.cn/problem/P4017。

样例输入:

```
5 7
1 2
1 3
2 3
3 5
2 5
4 5
3 4
```

样例输出:

```
5
```

算法解析：

根据题意，首先可以将这张食物网抽象成一张有向图。在食物网上寻找一条最大食物链，也就是在这张有向图上，寻找一条最大的路径，所谓最大路径是指起点没有入度（入度为0），终点没有出度（出度为0）的路径。然后统计这种最大路径的数量，答案可能很大，要求对80112002取模。这是一道图上DP计数问题。

首先，定义状态dp[u]：用来表示从合法起点（入度为0的点）出发走到u的路径数量。

然后，计算状态dp[u]：首先对图进行拓扑排序，然后按拓扑序计算每个dp[u]值。假设所有连向u的节点集合为H_u，则有$\text{dp}[u]=\sum_{v\in H_u}\text{dp}[v]$（$v$表示所有连向到$u$的点）。

最后，答案ans为所有合法终点（出度为0的点）的dp值之和。

处理边界情况：让所有合法起点（入度为0的点）的dp值为1，表示从入度为0的点走到自己这个点有一种方案数。其他dp值为0。

以样例为例，可以画出如图12.1所示的图。

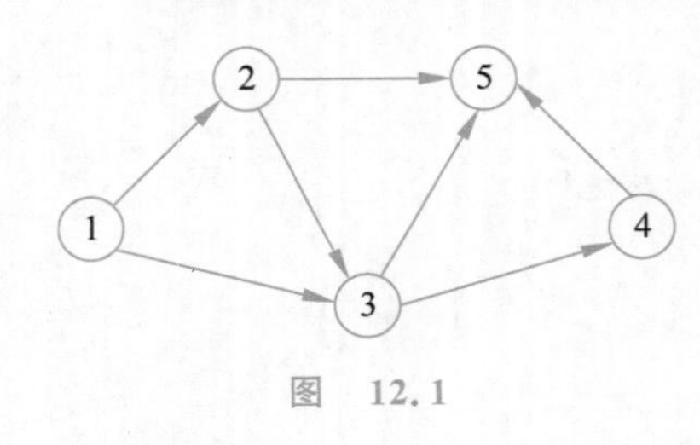

图 12.1

首先，对图12.1进行拓扑排序。

然后，根据拓扑序不断更新dp[u]的值，有$\text{dp}[u]=\sum_{v\in H_u}\text{dp}[v]$（$v$表示所有连向$u$的点），计算具体如下。

① dp[1]=1 //表示能够走到1的路径之和，即(1→1)，共1条。

② dp[2]=dp[1]=1 //表示(1→2)的路径之和，共1条。

③ dp[3]=dp[1]+dp[2]=2 //表示(1→3)和(2→3)的路径之和，共2条。

④ dp[4]=dp[3] =2 //表示(3→4)的路径之和，共2条。

⑤ dp[5]=dp[2]+dp[3]+dp[4] =5 //表示(2→5)、(3→5)、(4→5)的路径之和，共5条。

最后，ans为所有合法终点（出度为0的点）的dp[u]之和，而该样例中，出度为0点只有5号点（见图12.1），因此ans=dp[5]=5。

编写程序：

根据以上算法解析，可以编写程序如图12.2所示。

```
00 #include<bits/stdc++.h>
01 using namespace std;
02 const int maxn=1e6+10,mod=80112002;
03 vector<int> G[maxn],H[maxn],ans;
04 int n,m,d[maxn],dp[maxn];
05 queue<int> q;
06 void toposort(){
07     for(int i=1;i<=n;i++) if(!d[i]) q.push(i);
08     while(!q.empty()){
09         int u=q.front(); q.pop();
10         ans.push_back(u);
11         for(int i=0;i<G[u].size();i++){
12             int v=G[u][i]; d[v]--;
13             if(d[v]==0) q.push(v);
14         }
15     }
16 }
```

图 12.2

```
17 int main(){
18     cin>>n>>m;
19     for(int i=1;i<=m;i++){
20         int u,v; cin>>u>>v;
21         G[u].push_back(v); d[v]++;
22         H[v].push_back(u); //反向边
23     }
24     toposort();
25     for(int i=0;i<ans.size();i++){
26         int u=ans[i];
27         if(H[u].size()==0) dp[u]=1;
28         for(int j=0;j<H[u].size();j++){
29             int v=H[u][j];
30             dp[u]=(dp[u]+dp[v])%mod;
31         }
32     }
33     int Ans=0;
34     for(int i=0;i<=ans.size();i++)
35       if(G[i].size()==0) Ans=(Ans+dp[i])%mod;
36     cout<<Ans<<endl;
37     return 0;
38 }
```

图 12.2(续)

运行结果：

```
5 7
1 2
1 3
2 3
3 5
2 5
4 5
3 4
5
```

第13课 最 长 路

导学牌

学会使用拓扑排序算法解决最长路问题。

学习坊

【例 13.1】 最长路。设 G 为有 n 个节点的带权有向无环图,G 中各节点的编号为 1 到 n,请设计算法,计算图 G 中 $1,n$ 间的最长路径。

输入:第一行有两个整数,分别代表图的点数 n 和边数 m。第二行到第 $m+1$ 行,每行 3 个整数 $u,v,w(u<v)$,代表存在一条从 u 到 v 边权为 w 的边。

输出:一行一个整数,代表 1 到 n 的最长路。若 1 无法到达 n,请输出-1。

说明:对于 20%的数据,$n\leqslant 100,m\leqslant 10^3$;对于 40%的数据,$n\leqslant 10^3,m\leqslant 10^4$;对于 100%的数据,$1\leqslant n\leqslant 1500,0\leqslant m\leqslant 5\times 10^4,1\leqslant u,v\leqslant n,-10^5\leqslant w\leqslant 10^5$。

注:题目出自 https://www.luogu.com.cn/problem/P1807。

样例输入:

```
4 4
1 2 3
1 3 2
2 4 3
3 4 5
```

样例输出:

```
7
```

算法解析:

根据题意,由于图 G 是一个带权值的 DAG,因此很容易想到这是一道拓扑排序+DP 问题。即先对图 G 进行拓扑排序,再按拓扑序进行 DP。

定义状态 dp[u]:用来表示从 1 到 u 的最长路径长度。

计算状态 dp[u]，可得状态转移方程如下：

dp[u]=max(dp[u]，dp[v]+w[v][u])（v 表示所有能走到 u 的点）

最后 dp[n]就是 1 到 n 的最长路径。

边界情况：dp[1]=0 //表示从 1 走到 1 的最长路径长度为 0。

以样例为例，假设 inf=1×10^9，可画出图 G 如图 13.1 所示。

图 13.1

(1) 对图 13.1 进行拓扑排序。

(2) 依次枚举所有从 v 到 u（$v\to u$）的点（u=1，2，3，4），再根据拓扑序不断地更新 dp[u]的值，具体如下。

① dp[1]=0 //表示从(1→1)最长路径长度为 0。

② dp[2]=max(dp[2]，dp[1]+w[1][2])=3 //表示从(1→2)最长路径长度为 3。

③ dp[3]=max(dp[3]，dp[1]+w[1][3])=2 //表示从(1→3)最长路径长度为 2。

④ dp[4]=max(dp[4]，dp[2]+w[2][4])=6 //表示从(2→4)最长路径长度为 6。

⑤ dp[4]=max(dp[4]，dp[3]+w[3][4])=7 //表示从(3→4)最长路径长度为 7。

⑥ 所有能从 v 到 u 的点都枚举结束。

(3) dp[4]=7 就是问题的答案，即从 1 到 7 的最长路径的长度为 7。

注意：初始时有 dp[1]=0，dp[u]=−inf(u=2，3，4，−inf 表示初始时不存在从 1 到 u 的路径)。

该算法的时间复杂度为 $O(n+m)$。

拓扑排序就是在有向无环图(DAG)上将活动按发生的先后次序进行排序的一种算法，而 DP 问题的本质其实就是按照一定的顺序去不断求解答案。

编写程序：

根据以上算法解析，可以编写程序如图 13.2 所示。

```
00  #include<bits/stdc++.h>
01  using namespace std;
02  const int maxn=1e6+10,inf=2e9;
03  struct edge{
04      int to,val;
05  };
06  vector<edge> G[maxn],H[maxn];
07  vector<int> ans;
08  int n,m,d[maxn],dp[maxn];
09  queue<int> q;
10  void toposort(){
11      for(int i=1;i<=n;i++) if(!d[i]) q.push(i);
12      while(!q.empty()){
13          int u=q.front(); q.pop();
14          ans.push_back(u);
15          for(int i=0;i<G[u].size();i++){
16              int v=G[u][i].to;
17              d[v]--;
18              if(d[v]==0) q.push(v);
19          }
20      }
21  }
```

图 13.2

```
22 int main(){
23     cin>>n>>m;
24     for(int i=1;i<=m;i++){
25         int u,v,w; cin>>u>>v>>w;
26         G[u].push_back((edge){v,w}); d[v]++;
27         H[v].push_back((edge){u,w});         //反向边
28     }
29     toposort();
30     for(int i=0;i<ans.size();i++){
31         int u=ans[i];
32         if(u==1) dp[u]=0; else dp[u]=-inf;//初始化
33         for(int j=0;j<H[u].size();j++){
34             int v=H[u][j].to;     //所有从v到u的点v
35             dp[u]=max(dp[u],dp[v]+H[u][j].val);
36         }
37     }
38     if(dp[n]==-inf) cout<<-1<<endl;
39     else cout<<dp[n]<<endl;
40     return 0;
41 }
```

图 13.2（续）

运行结果：

```
4 4
1 2 3
1 3 2
2 4 3
3 4 5
7
```

第14课　神经网络

导学牌

学会使用拓扑排序算法解决神经网络问题。

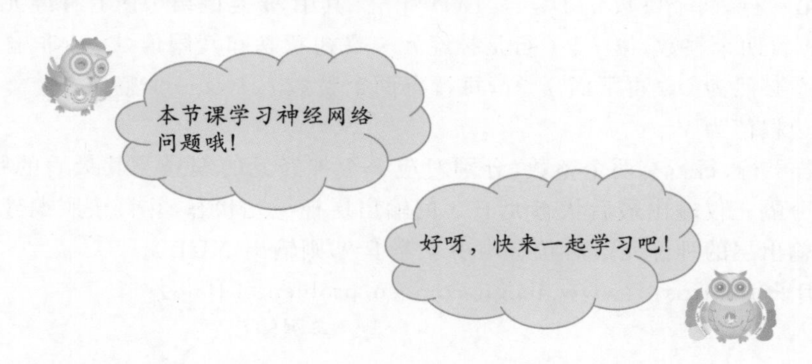

学习坊

【例 14.1】　神经网络。人工神经网络(artificial neural network)是一种新兴的具有自我学习能力的计算系统,在模式识别、函数逼近及贷款风险评估等诸多领域有广泛的应用。对神经网络的研究一直是当今的热门方向,兰兰同学在自学了一本神经网络的入门书籍后,提出一个简化模型,她希望你能帮助她用程序检验这个神经网络模型的实用性。

在兰兰的模型中,神经网络就是一张有向图,图中的节点称为神经元,而且两个神经元之间至多有一条边相连,图 14.1 是一个神经元的例子。

神经元(编号为 i),图 14.1 中,$X_1 \sim X_3$ 是信息输入渠道,$Y_1 \sim Y_2$ 是信息输出渠道,C_i 表示神经元目前的状态,U_i 是阈值,可视为神经元的一个内在参数。神经元按一定的顺序排列,构成整个神经网络。在兰兰的模型之中,神经网络中的神经元分为输入层、输出层和若干个中间层。每层神经元只向下一层的神经元输出信息,只从上一层神经元接收信息。图 14.2 是一个简单的三层神经网络的例子。

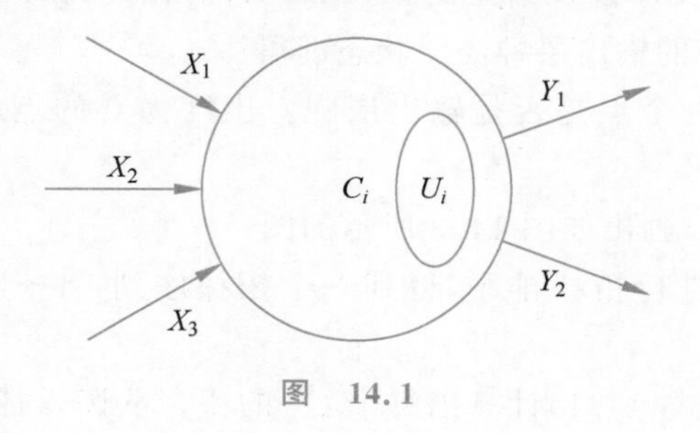

图　14.1

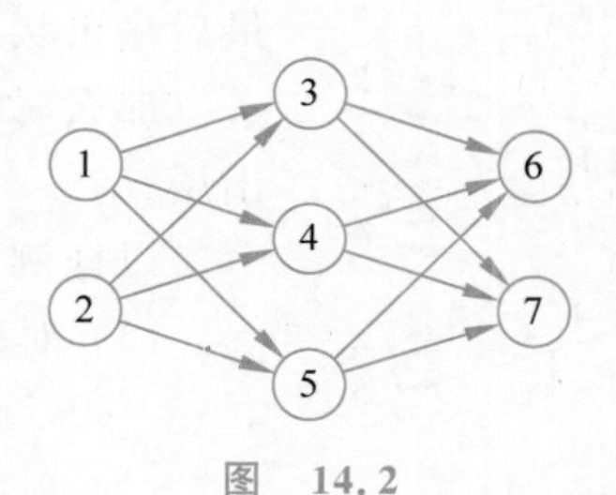

图　14.2

兰兰规定，C_i 服从如下公式：

$$C_i = \left(\sum_{(j,i)\in E} W_{ji} C_j\right) - U_i \tag{14.1}$$

式(14.1)中的 W_{ji}（可能为负值）表示连接 j 号神经元和 i 号神经元的边的权值。当 C_i 大于 0 时，该神经元处于兴奋状态，否则就处于平静状态。当神经元处于兴奋状态时，下一秒它会向其他神经元传送信号，信号的强度为 C_i。

如此，在输入层神经元被激发之后，整个网络系统就在信息传输的推动下进行运作。现在给定一个神经网络，以及当前输入层神经元的状态（C_i），要求你的程序计算出最后网络输出层的状态。

输入：第一行，两个整数 $n(1\leqslant n\leqslant 100)$ 和 p。其中，n 是网络中所有神经元的数目。接下来 n 行，每行两个整数，第 $i+1$ 行是神经元 i 最初状态和其阈值（U_i），非输入层的神经元开始时状态必然为 0。再下面 p 行，每行有两个整数 i、j 及一个整数 $W_{i,j}$，表示连接神经元 i、j 的边权值为 $W_{i,j}$。

输出：若干行，每行有两个整数，分别对应一个神经元的编号及其最后的状态，2 个整数间以空格分隔。仅输出最后状态大于 0 的输出层神经元状态，并且按照编号由小到大顺序输出。若输出层的神经元最后状态均小于等于 0，则输出 NULL。

注：题目出自 https://www.luogu.com.cn/problem/P1038。

样例输入：

```
5 6
1 0
1 0
0 1
0 1
0 1
1 3 1
1 4 1
1 5 1
2 3 1
2 4 1
2 5 1
```

样例输出：

```
3 1
4 1
5 1
```

算法解析：

根据题意，由于每层神经元只向下一层的神经元输出信息，只从上一层神经元接收信息。因此很容易想到这是一个典型的拓扑排序算法问题。

首先对图进行拓扑排序，然后按照拓扑排序以及给定的式(14.1)计算出每个 C_i 的值，最后输出状态大于 0 的输出层神经元状态即可。

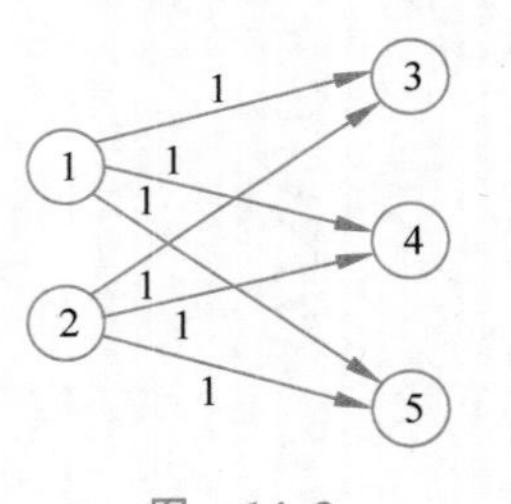

图 14.3

那么，如何判断一个点是否是输出层呢？出度为 0 的点就是输出层。

以样例为例，可以画出如图 14.3 所示的图。

(1) 对图 14.3 进行拓扑排序，得到一个拓扑序列：1→2→3→4→5。

(2) 根据给定的式(14.1)计算出每个 C_i 的值。从读入神经元 i

的最初状态可知，C_1、C_2 为输入层，有 $C_1=C_2=1$；C_3、C_4、C_5 为非输入层，分别计算 C_3、C_4、C_5 的值如下。

① 由于 C_3 从 C_1、C_2 接收信息，因此有

$$C_3=W_{1,3}*C_1+W_{2,3}*C_2-U_3=1+1-1=1$$

② 由于 C_4 从 C_1、C_2 接收信息，因此有

$$C_4=W_{1,4}*C_1+W_{2,4}*C_2-U_4=1+1-1=1$$

③ 由于 C_5 从 C_1、C_2 接收信息，因此有

$$C_5=W_{1,5}*C_1+W_{2,5}*C_2-U_5=1+1-1=1$$

(3) 输出状态大于 0 的输出层(出度为 0)神经元状态，即输出神经元 3、4、5 的状态。

该算法的时间复杂度为 $O(n+m)$。

编写程序：

根据以上算法解析，可以编写程序如图 14.4 所示。

```
00 #include<bits/stdc++.h>
01 using namespace std;
02 const int maxn=1e6+10;
03 struct edge{
04     int to,val;
05 };
06 vector<edge> G[maxn],H[maxn];
07 vector<int> ans;
08 int n,m,d[maxn],C[maxn];
09 queue<int> q;
10 void toposort(){
11     for(int i=0;i<=n;i++) if(!d[i]) q.push(i);
12     while(!q.empty()){
13         int u=q.front(); q.pop();
14         ans.push_back(u);
15         for(int i=0;i<G[u].size();i++){
16             int v=G[u][i].to;
17             d[v]--;
18             if(d[v]==0) q.push(v);
19         }
20     }
21 }
22 int main(){
23     cin>>n>>m;
24     for(int i=1;i<=n;i++){
25         int x;
26         cin>>C[i]>>x;
27         if(!C[i]) C[i]-=x; //减去非输入层的阈值x
28     }
29     for(int i=1;i<=m;i++){
30         int u,v,w; cin>>u>>v>>w;
31         G[u].push_back((edge){v,w}); d[v]++;
32         H[v].push_back((edge{u,w}));
33     }
34     toposort();
35     for(int i=0;i<ans.size();i++){
36         int u=ans[i];
37         for(int j=0;j<H[u].size();j++){
38             int v=H[u][j].to;
39             if(C[v]>0) C[u]+=H[u][j].val*C[v];
40         }
41     }
42     bool f=0;
43     for(int i=1;i<=n;i++)
44       if(G[i].size()==0&&C[i]>0){//出度为0且状态>0
45         cout<<i<<" "<<C[i]<<endl;
46         f=1;
47       }
48     if(!f) cout<<"NULL"<<endl;
49     return 0;
50 }
```

图 14.4

第 15 课 算法实践园

导学牌

(1) 掌握拓扑排序算法的基本思想。

(2) 学会使用拓扑排序算法解决实际问题。

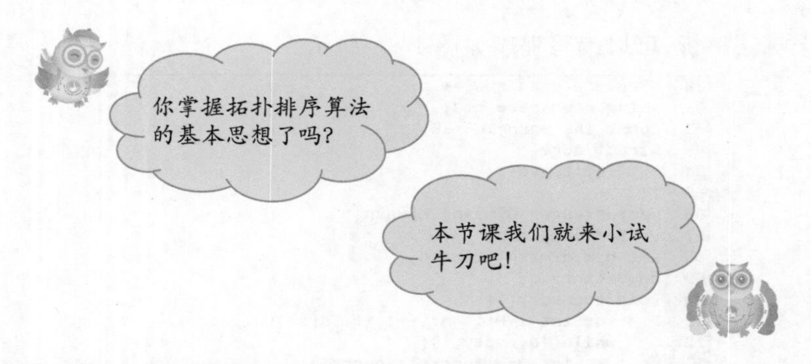

实践园一：杂务

【题目描述】 约翰在给奶牛挤奶前有很多杂务要完成，每一项杂务都需要一定的时间来完成。例如，要将奶牛集合起来，将它们赶进牛棚，为奶牛清洗乳房以及一些其他工作。尽早将所有杂务完成是必要的，因为这样才有更多时间挤出更多的牛奶。

当然，有些杂务必须在另一些杂务完成的情况下才能进行。例如，只有将奶牛赶进牛棚才能开始为它们清洗乳房；在未给奶牛清洗乳房之前不能挤奶。我们把这些工作称为完成本项工作的准备工作。至少有一项杂务不要求有准备工作，将这个可以最早着手完成的工作，标记为杂务 1。

约翰有需要完成的 n 个杂务的清单，并且这份清单是有一定顺序的，杂务 $k(k>1)$ 的准备工作只可能在杂务 $1\sim(k-1)$ 中。

写一个程序依次读入每个杂务的工作说明。计算出所有杂务都被完成的最短时间。当然互相没有关系的杂务可以同时工作，并且可以假定约翰的农场有足够多的工人同时完成任意多项任务。

输入：第一行，一个整数 $n(3\leqslant n\leqslant 10000)$，表示必须完成的杂务的数目。

第 $2\sim(n+1)$ 行，每行有一些用空格隔开的整数，分别表示：工作序号(保证在输入文件中是从 1 到 n 有序递增的)；完成工作所需要的时间 $len(1\leqslant len\leqslant 100)$；一些必须完成的准备工作，总数不超过 100 个，由一个数字 0 结束。有些杂务没有需要准备的工作，此时只输入一个单独的 0。

保证整个输入文件中不会出现多余的空格。

输出：一个整数，表示完成所有杂务所需的最短时间。

注：题目出自 https://www.luogu.com.cn/problem/P1113。

样例输入：

```
7
1 5 0
2 2 1 0
3 3 2 0
4 6 1 0
5 1 2 4 0
6 8 2 4 0
7 4 3 5 6 0
```

样例输出：

```
23
```

算法提示：

这是一道按拓扑序进行DP的问题。由于本题保证在输入工作序号时是从1到 n 有序递增的，这就是一个合法的拓扑序列，因此本题可以不进行拓扑排序。

首先，定义状态 dp[i]：用来表示完成任务 i 的最短时间。

然后，计算状态 dp[i]：dp[i]＝max(dp[j])＋a_i（j 表示所有 $j \to i$ 中的最大值）。

最终答案 ans＝max(dp[i])。

时间复杂度为 $O(n)$。

实践园一参考程序：

```cpp
#include<bits/stdc++.h>
using namespace std;
const int maxn = 1e4 + 3;
int n,dp[maxn],a[maxn];
vector<int> p[maxn];            //p[i]表示工作 i 的准备工作
int main(){
    cin >> n;
    for (int i = 1;i <= n;i++){
        int id; cin >> id >> a[i];
        while (1){
            int x; cin >> x;
            if (x == 0) break;
            p[i].push_back(x);
        }
    }
    for (int i = 1;i <= n;i++){
        int mx = 0;
        for (int j = 0;j < p[i].size();j++){
            int u = p[i][j];
            mx = max(mx,dp[u]);
        }
        dp[i] = mx + a[i];
    }
    int ans = 0;
    for (int i = 1;i <= n;i++) ans = max(ans,dp[i]);
    cout << ans << endl;
}
```

实践园二：旅行计划

【题目描述】 小明要去某个国家旅游。这个国家有 N 个城市，编号为 $1 \sim N$，并且有 M 条道路连接着，小明准备从其中一个城市出发，并只往东走到城市 i 停止。

所以小明就需要选择最先到达的城市，并制定一条路线以城市 i 为终点，使得线路上除了第一个城市，每个城市都在路线前一个城市东面，并且满足这个前提下还希望游览的城市尽量多。

你只知道每一条道路所连接的两个城市的相对位置关系，但并不知道所有城市具体的位置。现在对于所有的 i，都需要你为小明制定一条路线，并求出以城市 i 为终点最多能够游览多少个城市。

输入：第一行为两个正整数 N、M。接下来 M 行，每行两个正整数 x 和 y，表示有一条连接城市 x 与城市 y 的道路，保证了城市 x 在城市 y 西面。

输出：N 行，第 i 行包含一个正整数，表示以第 i 个城市为终点最多能游览多少个城市。

说明：均选择从城市 1 出发可以得到以上答案。对于 20%的数据，$1 \leqslant N \leqslant 100$；对于 60% 的数据，$1 \leqslant N \leqslant 1000$；对于 100%的数据，$1 \leqslant N \leqslant 100000$，$1 \leqslant M \leqslant 200000$。

注：题目出自 https://www.luogu.com.cn/problem/P1137。

样例输入：

```
5 6
1 2
1 3
2 3
2 4
3 4
2 5
```

样例输出：

```
1
2
3
4
3
```

算法提示：

本题实质上就是一个求最长路问题，具体分析可以参考第 13 课最长路。即按拓扑序进行 DP。

首先，定义状态 dp[u]：用来表示从 1 到 u 的最长路径长度。

然后，计算状态 dp[u]，对于有入度的点 u，可得状态转移方程如下：

$$dp[u]=\max(dp[u],dp[v]+1)$$（v 表示所有能走到 u 的点）

最后，dp[i]就是问题的答案，即以第 i 个城市为终点最多能游览的城市数量。

边界情况：对于没有入度的点 u，有 dp[u]=1。

该题的时间复杂度为 $O(n+m)$。

注意：本题提供了两种参考程序，算法一更新 dp[u]的值是在访问点 v 时实现的，这是由于通常情况下，拓扑序只记录点 u 连向的点 v，不记录有哪些点可以连向点 u，在之前的学习中，使用的都是建立一个反向图来记录连向 u 的点（如算法二），而在本题的算法一中，使用的是另外一种方法，即在访问点 v 时，就更新点 v 连向的所有点 u 的 dp[u]的值。

实践园二参考程序：

算法一：

```
#include<bits/stdc++.h>
using namespace std;
const int maxn = 2e5 + 3;
int n,m,dp[maxn],d[maxn];
vector<int> G[maxn];
queue<int> q;
int main(){
    cin>>n>>m;
    for(int i = 1;i <= m;i++){
        int u,v; cin>>u>>v;
        G[u].push_back(v); d[v]++;
    }
    for(int i = 1;i <= n;i++)
      if(!d[i]) dp[i] = 1, q.push(i);
    while(!q.empty()){
        int u = q.front(); q.pop();
        for(int i = 0;i < G[u].size();i++){
            int v = G[u][i];
            dp[v] = max(dp[v],dp[u] + 1);         //访问 v 时,更新 dp[u]的值
            d[v] --;
            if(d[v] == 0) q.push(v);
        }
    }
    for(int i = 1;i <= n;i++) cout << dp[i]<< endl;
    return 0;
}
```

算法二：

```
#include<bits/stdc++.h>
using namespace std;
const int maxn = 2e5 + 3;
int n,m,dp[maxn],d[maxn];
vector<int> G[maxn],H[maxn],ans;
queue<int> q;
void toposort(){
    for(int i = 1;i <= n;i++) if(!d[i]) q.push(i);
    while(!q.empty()){
        int u = q.front(); q.pop();
        ans.push_back(u);
        for(int i = 0;i < G[u].size();i++){
            int v = G[u][i];
            d[v] --;
            if(d[v] == 0) q.push(v);
        }
    }
}
int main(){
    cin>>n>>m;
    for(int i = 1;i <= m;i++){
        int u,v; cin>>u>>v;
```

```
        G[u].push_back(v); d[v]++;
        H[v].push_back((u));                      //反向边
    }
    toposort();
    for(int i = 0;i < ans.size();i++){
        int u = ans[i];
        if(d[u] == 0) dp[u] = 1;                  //初始化
        for(int j = 0;j < H[u].size();j++){
            int v = H[u][j];                      //所有从 v 到 u 的点 v
            dp[u] = max(dp[u],dp[v] + 1);
        }
    }
    for(int i = 1;i <= n;i++) cout << dp[i]<< endl;
    return 0;
}
```

实践园三：奶牛竞赛

【题目描述】 农夫约翰的 $N(1\leqslant N\leqslant 100)$头奶牛们最近参加了一场程序设计竞赛。在赛场上，奶牛按 1,2,…,N 依次编号。每头奶牛的编程能力不尽相同，并且没有哪两头奶牛的水平不相上下，也就是说，奶牛们的编程能力有明确的排名。整个比赛被分成了若干轮，每一轮是两头指定编号的奶牛的对决。如果编号为 A 的奶牛的编程能力强于编号为 B 的奶牛($1\leqslant A,B\leqslant N,A\neq B$)，那么它们的对决中，编号为 A 的奶牛总是能胜出。农夫约翰想知道奶牛们编程能力的具体排名，于是他找来了奶牛所有 $M(1\leqslant M\leqslant 4500)$轮比赛的结果，希望你能根据这些信息，推断出尽可能多的奶牛的编程能力排名。比赛结果保证不会自相矛盾。

输入：第一行有两个用空格隔开的整数 N、M。第 2～$(M+1)$行，每行为两个用空格隔开的整数 A、B，描述了参加某一轮比赛的奶牛的编号，以及结果(编号每行的第一个数的奶牛为胜者)。

输出：一个整数，表示排名可以确定的奶牛的数目。

说明：编号为 2 的奶牛输给了编号为 1、3、4 的奶牛，也就是说编号为 2 的奶牛的水平比编号为 1、3、4 的奶牛都差。而编号为 5 的奶牛又输在了它的手下，也就是说，它的水平比编号为 5 的奶牛强一些。于是，编号为 2 的奶牛的排名必然为第 4，编号为 5 的奶牛的水平必然最差。其他 3 头奶牛的排名仍无法确定。

注：题目出自 https://www.luogu.com.cn/problem/P2419。

样例输入：

```
5 5
4 3
4 2
3 2
1 2
2 5
```

样例输出：

```
2
```

算法提示：

本题是基于拓扑排序的算法思想来解决的问题。

思考：对于一头奶牛来说，在什么情况下可以确定其排名呢？

当且仅当所有奶牛（除该头奶牛）的能力都必须低于或高于该头奶牛时，它的排名是唯一确定的。即假设有 n 头奶牛，其中能力低于该头奶牛的个数为 x；能力高于该头奶牛的个数为 y；当 $x+y=n-1$ 时，该头奶牛是可以确定排名的。对于每头奶牛对应的 x 和 y，直接 BFS 或 DFS 求出即可。

注意：本题在算法实现时，可以通过建立两次边，即正向边和反向边，来分别记录该点能到达的点和能到达该点的点，也可以只建立一次边，即只建立该点能到达的点这一条边，具体如实践园三参考程序所示。

实践园三参考程序：

```
#include<bits/stdc++.h>
using namespace std;
int f[105][105];                          //f[i][j]=1 表示可以从 i 走到 j,即 i 比 j 强
int n,m,G[105][105];                      //邻接矩阵
bool vis[105];
void dfs(int u){
    vis[u]=1;
    for(int v=1;v<=n;v++)
      if(G[u][v]&&!vis[v]) dfs(v);
}
int main(){
    cin>>n>>m;
    for(int i=1;i<=m;i++){
        int u,v; cin>>u>>v;
        G[u][v]=1;
    }
    for(int i=1;i<=n;i++){
        memset(vis,0,sizeof(vis));        //每次清空数组 vis[]
        dfs(i);                           //对每个点进行 dfs
        for(int j=1;j<=n;j++)
          if(i!=j&&vis[j]) f[i][j]=1;
    }
    int ans=0;
    for(int i=1;i<=n;i++){
        int x=0,y=0;                      //x 表示不如自己强的奶牛;y 表示比自己强的奶牛
        for(int j=1;j<=n;j++){
            if(f[i][j]) x++;
            if(f[j][i]) y++;
        }
        if(x+y==n-1) ans++;               //如果满足条件,说明能确定该头奶牛的排名
    }
    cout<<ans<<endl;
    return 0;
}
```

实践园四：车站分级

【题目描述】 一条单向的铁路线上，依次有编号为 1,2,…,n 的 n 个火车站。每个火

车站都有一个级别，最低为 1 级。现有若干趟车次在这条线路上行驶，每一趟都满足如下要求：如果这趟车次停靠了火车站 x，则始发站、终点站之间所有级别大于或等于火车站 x 的都必须停靠。

注意：始发站和终点站自然也算作事先已知需要停靠的站点。

如表 15.1 所示的 5 趟车次的运行情况。其中，前 4 趟车次均满足要求，而第 5 趟车次由于停靠了 3 号火车站(2 级)却未停靠途经的 6 号火车站(也为 2 级)而不满足要求。

现有 m 趟车次的运行情况(全部满足要求)，试推算这 n 个火车站至少分为几个不同的级别。

表 15.1

车次	编号																
	1		2		3		4		5		6		7		8		9
	级别																
	3		1		2		1		3		2		1		1		3
1	始	→	→	→	停	→	→	→	停	→	终						
2					始	→	→	→	停	→	终						
3	始	→	→	→	→	→	→	→	停	→	→	→	→	→	→	→	终
4							始	→	停	→	停	→	停	→	停	→	终
5					始	→	→	→	停	→	→	→	→	→	→	→	终

输入：第一行包含 2 个正整数 n 和 m 用一个空格隔开。第 $i+1$ 行 ($1 \leqslant i \leqslant m$) 中，首先是一个正整数 s_i ($2 \leqslant s_i \leqslant n$)，表示第 i 趟车次有 s_i 个停靠站；接下来有 s_i 个正整数，表示所有停靠站的编号，从小到大排列。每两个数之间用一个空格隔开。输入保证所有的车次都满足要求。

输出：一个正整数，即 n 个火车站最少划分的级别数。

注：题目出自 https://www.luogu.com.cn/problem/P1983。

样例输入 1：

```
9 2
4 1 3 5 6
3 3 5 6
```

样例输出 1：

```
2
```

样例输入 2：

```
9 3
4 1 3 5 6
3 3 5 6
3 1 5 9
```

样例输出 2：

```
3
```

算法提示：

题目中的要求"如果一趟车次停靠了火车站 x，则始发站、终点站之间所有级别大于或等于火车站 x 的都必须停靠"。换句话说就是"一趟车次经过且不停靠的所有车站的级别都必须小于这趟车次停靠的所有车站的级别"。由此可知，某些车站的大小关系是可以确定的——未停靠火车站的级别低于已停靠火车站的级别，因此，可以由等级低的火车站向等级高的火车站连一条边。这很容易想到类似于利用拓扑排序进行 DP 求最长路问题。

首先，定义状态 dp[u]：用来表示火车站 u 的最小级别。

然后，计算状态 dp[u]，可得状态转移方程如下：

$$dp[u]=\max(dp[u],dp[v]+1)$$

最后，遍历 dp[i]求出最大值，该最大值就是问题的答案 ans，即答案 ans=max(dp[i])。

边界情况：对于没有入度的点 u，有 dp[u]=1。

该题的时间复杂度为 $O(n^2m)$。

注意：本题在算法实现时，应使用邻接矩阵而非邻接表的方式存图，这是由于该题中存在重复连边的情况，如果使用邻接表会导致 Memory Limit Exceeded(内存使用超过限制)。

实践园四参考程序：

```
#include<bits/stdc++.h>
using namespace std;
int n,m;
bool vis[105];
int G[1005][1005],d[1005],a[1005],k,dp[1005];
int main(){
    cin>>n>>m;
    for(int i=1;i<=m;i++){
        cin>>k;
        memset(vis,0,sizeof(vis));
        for(int j=1;j<=k;j++){
            cin>>a[j];                  //读入停靠的火车站
            vis[a[j]]=1;                //对停靠的火车站做标记
        }
        int L=a[1],R=a[k];              //L是始发站,R是终点站
        for(int j=L;j<=R;j++)
            if(!vis[j]){                //未停靠的火车站
               for(int p=1;p<=k;p++)
                   G[j][a[p]]=1;        //未停靠的火车站向已停靠的火车站连一条边
            }
    }
    for(int i=1;i<=n;i++)
        for(int j=1;j<=n;j++)
            if(G[i][j]) d[j]++;
    queue<int> q;
    for(int i=1;i<=n;i++)
        if(!d[i]){
            dp[i]=1;
            q.push(i);
        }
    while(!q.empty()){
        int u=q.front(); q.pop();
        for(int v=1;v<=n;v++)
            if(G[u][v]){
                dp[v]=max(dp[v],dp[u]+1);
                d[v]--;
                if(!d[v]) q.push(v);
            }
```

```
    }
    int ans = 0;
    for(int i = 1;i <= n;i++) ans = max(ans,dp[i]);
    cout << ans << endl;
    return 0;
}
```

Chapter 4

第4章

树

第16课　初　识　树

导学牌

(1) 理解树的定义。

(2) 掌握有根树的含义以及相关关系。

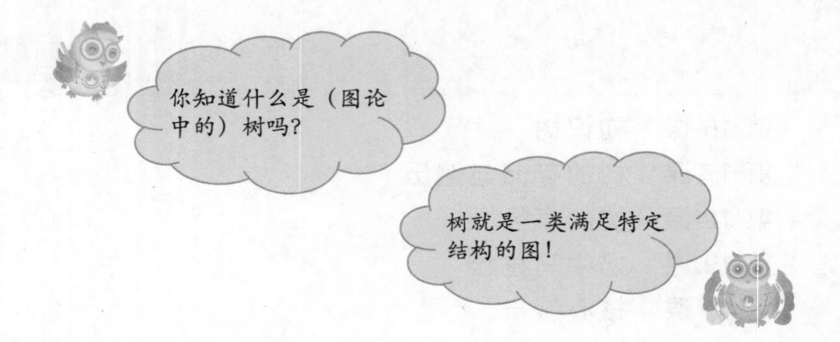

学习坊

1. 树的定义

树(tree)是指一个不含环路的无向连通图。

假设有一个简单无向图 $G=(V,E)$，其中节点数为 n，边数为 m。以下都是树的等价结论。

(1) 图 G 是树。

(2) 图 G 无环，并且 $m=n-1$。

(3) 图 G 连通，并且 $m=n-1$。

(4) 图 G 连通，但是删去任意一条边后就不连通，即图 G 分成了两个且仅有两个连通分量。

(5) 图 G 无环，但是添加任意一条边后恰好包含且仅包含一个环。

(6) 图 G 的任意两个节点之间有且仅有一条简单路径。

以上结论均可以用数学归纳法给出证明，感兴趣的读者可以自行证明，本书不另作证明。

【例 16.1】　对于图 16.1(a)来说，无向图 G_1 是一棵树。

【例 16.2】　对于图 16.1(b)来说，无向图 G_2 不是一棵树，因为它含有环路{1,3,4}。

2. 有根树

在上述树的定义中，"树"实际上是"无根树"，因为所有的边都是无向边。在无根树的基础上，选择一个节点作为"根"，就成了"有根树"。

当然，有根树的边依然是无向边，只是在无根树的基础上指定了一个节点作为根，有了

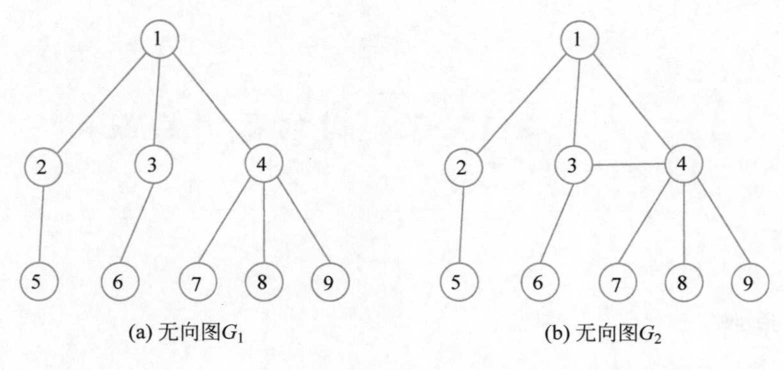

(a) 无向图G_1　　(b) 无向图G_2

图 16.1

根，节点之间就存在了上下级的关系。对于有根树，可以定义以下关系。

(1) 父亲：对于除了根节点以外的节点，从该节点到根路径上的第二个节点称为父亲。

(2) 祖先：一个节点到根节点的路径上，除了它本身外的节点都称为该节点的祖先。

(3) 儿子：和"父亲"是相互关系。如果一个节点是另一个节点的父亲，那么另一个节点就是该节点的儿子。

(4) 后代：和"祖先"是相互关系。如果一个节点是另一个节点的祖先，那么另一个节点就是该节点的后代。

(5) 深度：一个节点到根节点的路径上经过的边数(也可以说是一个节点到根节点的距离)称为它的深度。所有节点中最大的深度也是该树的深度。

(6) 子树：一个节点的子树包含该节点及其后代构成的子图。

(7) 叶子：如果一个节点没有儿子节点，称为叶子节点。

【例 16.3】 对于图 16.2(a)来说，树 T 是一棵有根树，其中节点 0 是该树的根，也是节点{1,2,3}的父亲节点；节点 7 的祖先有节点{0,3,5}；节点 3 的儿子有节点{5,6}；节点 5 的后代有节点{7,8}；节点{2,4,6,8}是叶子节点；根节点的深度是 0；节点{1,2,3,4,5,7,8}的深度分别为{1,1,1,2,2,2,3,4}。

【例 16.4】 对于图 16.2 来说，树 T_1、T_2、T_3 是树 T 的三棵子树。

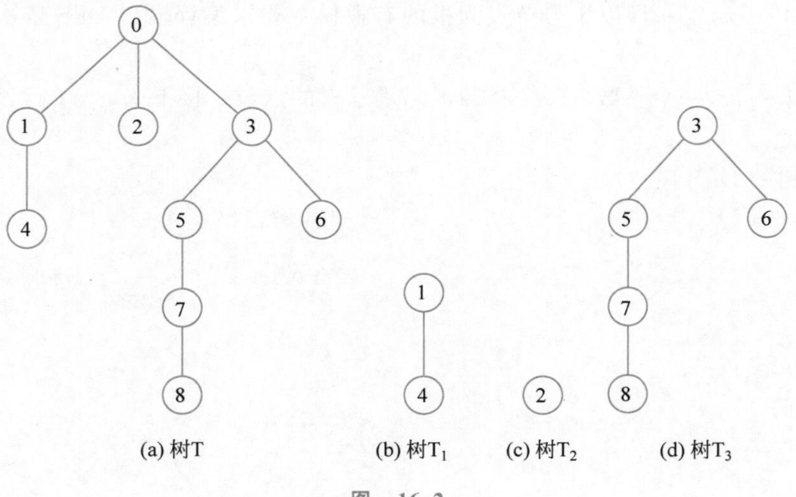

(a) 树T　　(b) 树T_1　　(c) 树T_2　　(d) 树T_3

图 16.2

第 17 课　树的存储与遍历

导学牌

(1) 掌握树的存储与遍历方式。

(2) 学会树的深度统计以及子树大小统计。

学习坊

1. 树的存储与遍历

树是一种特殊的图,所以用存图的方式存储树即可。由于树的节点数和边数处于同一级别,因此使用邻接表的方式存储树,其开销是最小的,空间复杂度为 $O(n)$。

同样,树的遍历(和图一样)一般使用 DFS 的方式。

【例 17.1】　给定一棵以 1 号节点为根的有根树。要求编程输出 DFS 依次访问每个节点的顺序。

输入:第一行,一个整数 $n(1 \leqslant n \leqslant 10^5)$,表示树的点数。接下来 $n-1$ 行,表示 $n-1$ 条边的两个端点。

输出:树的 DFS 序。

样例输入:

```
5
1 2
1 3
2 4
2 5
```

样例输出:

```
1 2 4 5 3
```

算法解析：

根据题意，以根节点为起点进行 DFS。由于树的特殊结构，一般不需要用数组 vis[]记录每个节点是否被访问，这是由于当 DFS 到某个非根节点时，除了该节点的父亲，其余节点均处于未访问的状态，因此仅需要知道该节点的父亲节点即可。

首先，定义一个递归函数 dfs(int u，int fa)，其中，两个参数 u 和 fa 分别表示当前访问的节点 u 以及 u 的父亲 fa。然后，遍历节点 u 的所有邻居，对于不是父亲 fa 的节点 v，都是节点 u 的儿子，继续调用 dfs(v，u)即可。以样例为例，建立的树如图 17.1 所示。

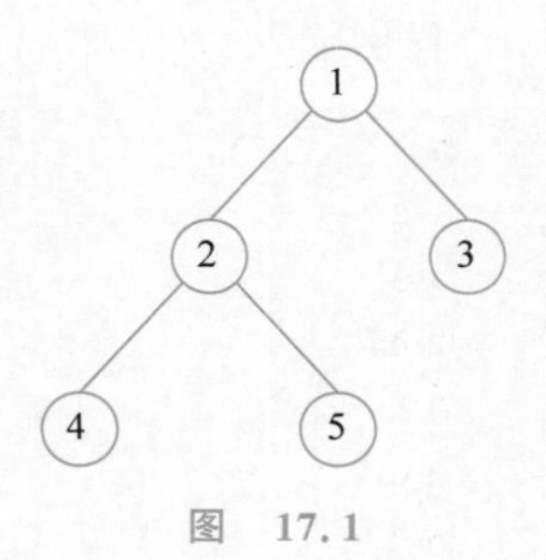

图 17.1

由图 17.1 可知，序列{1，2，4，5，3}是该树的一个 DFS 序列。

编写程序：

根据以上算法解析，可以编写程序如图 17.2 所示。

```
00 #include<bits/stdc++.h>
01 using namespace std;
02 const int maxn=1e5+5;
03 vector<int> G[maxn];
04 int n;
05 void dfs(int u,int fa){
06     cout<<u<<" ";
07     for(int i=0;i<G[u].size();i++){
08         int v=G[u][i];
09         if(v==fa) continue;
10         dfs(v,u);
11     }
12 }
13 int main(){
14     cin>>n;
15     for(int i=1;i<n;i++){
16         int u,v; cin>>u>>v;
17         G[u].push_back(v);
18         G[v].push_back(u);
19     }
20     dfs(1,0);
21     return 0;
22 }
```

图 17.2

运行结果：

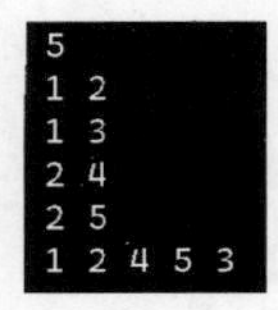

程序说明：

根据树的特点，读入树时仅需读入树的节点数 n 即可，因为边数 $m=n-1$。程序的第 20 行，dfs(1,0)表示以根节点 1 为起点进行 DFS 遍历，由于根节点没有父亲，所以令根节点的父亲为 0(表示空)。

2. 深度统计

深度统计是指对一棵树中所有节点的深度进行统计。

【例 17.2】 给定一棵以 1 号节点为根的有根树，对于树中每个节点，求出它的深度。

输入：第一行，一个整数 $n(1\leqslant n\leqslant 10^5)$，表示树的点数。接下来 $n-1$ 行，表示 $n-1$ 条边的两个端点。

输出：每个节点对应的深度。

样例输入：

```
7
1 2
1 3
2 4
3 5
3 6
5 7
```

样例输出：

```
0 1 1 2 2 2 3
```

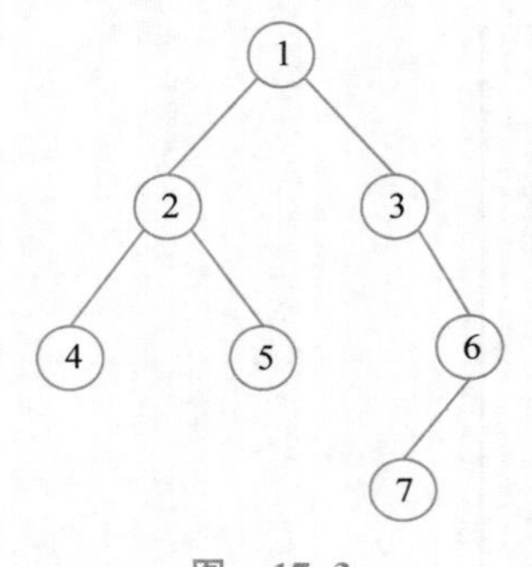

图 17.3

算法解析：

在一棵树中，如果节点 u 是 v 的父亲，那么节点 v 到根的路径经过的边数会比节点 u 到根的路径经过的边数多 1，即节点 v 的深度比节点 u 的深度大 1。假设节点 u 的深度为 dep[u]，则节点 v 的深度为 dep[v]=dep[u]+1。根节点的深度为 0。

以样例为例，建立的树如图 17.3 所示。

由图 17.3 容易计算出节点{1,2,3,4,5,6,7}对应的深度分别为{0,1,1,2,2,2,3}。

编写程序：

根据以上算法解析，可以编写程序如图 17.4 所示。

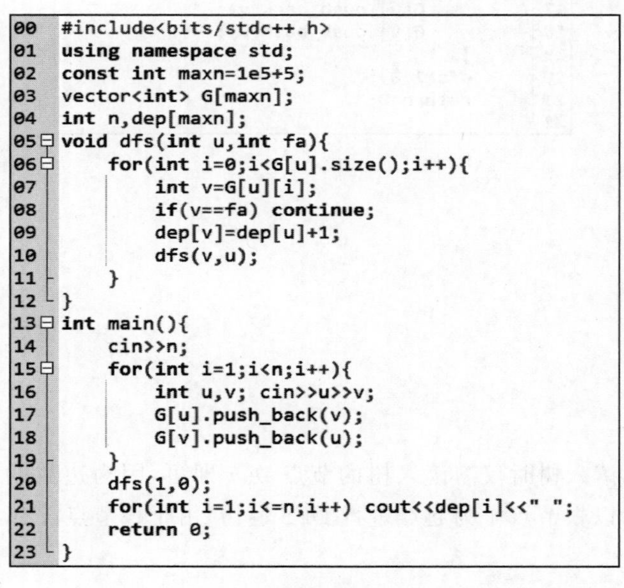

```
00 #include<bits/stdc++.h>
01 using namespace std;
02 const int maxn=1e5+5;
03 vector<int> G[maxn];
04 int n,dep[maxn];
05 void dfs(int u,int fa){
06     for(int i=0;i<G[u].size();i++){
07         int v=G[u][i];
08         if(v==fa) continue;
09         dep[v]=dep[u]+1;
10         dfs(v,u);
11     }
12 }
13 int main(){
14     cin>>n;
15     for(int i=1;i<n;i++){
16         int u,v; cin>>u>>v;
17         G[u].push_back(v);
18         G[v].push_back(u);
19     }
20     dfs(1,0);
21     for(int i=1;i<=n;i++) cout<<dep[i]<<" ";
22     return 0;
23 }
```

图 17.4

运行结果：

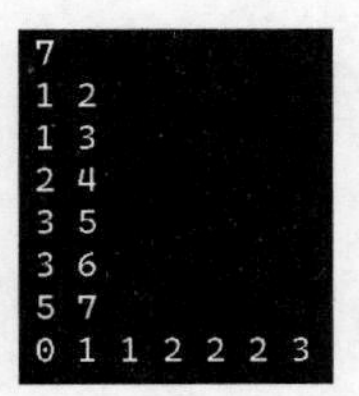

3. 子树大小统计

子树大小统计是指对一棵树中所有子树的大小进行统计。

【例 17.3】 给定一棵以 1 号节点为根的有根树，对于树中每个节点，求出它的子树大小。

输入：第一行，一个整数 $n(1\leqslant n\leqslant 10^5)$，表示树的点数。接下来 $n-1$ 行，表示 $n-1$ 条边的两个端点。

输出：以第 i 个节点为根的子树大小。

样例输入：

```
10
1 2
1 3
1 4
2 5
2 6
4 7
4 8
7 9
7 10
```

样例输出：

```
10 3 1 5 1 1 3 1 1 1
```

算法解析：

在一棵树中，如果一个节点 u 是叶子节点（没有儿子），那么节点 u 的子树大小为 1。如果一个节点 u 不是叶子节点，它的儿子分别是 $v_1,v_2,\cdots,v_k$，假设 size[u]表示以 u 为根的子树大小，那么有 $\text{size}[u]=\text{size}[v_1]+\text{size}[v_2]+\cdots+\text{size}[v_k]+1$。

以样例为例，建立的树如图 17.5 所示。

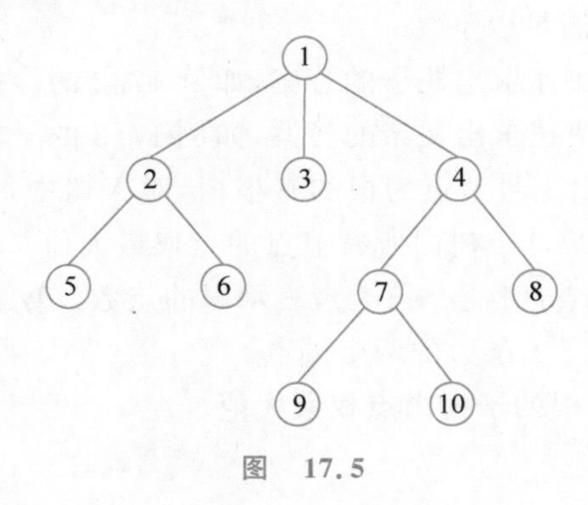

图 17.5

由图 17.5 可以很容易计算出，以节点{1,2,3,4,5,6,7,8,9,10}为根对应的子树大小分别为{10,3,1,5,1,1,3,1,1,1}。

编写程序：

根据以上算法解析，可以编写程序如图 17.6 所示。

```
00  #include<bits/stdc++.h>
01  using namespace std;
02  const int maxn=1e5+5;
03  vector<int> G[maxn];
04  int n,sz[maxn]; //sz[i]表示以i为根的子树大小
05  void dfs(int u,int fa){
06      sz[u]=1;     //先计算自己
07      for(int i=0;i<G[u].size();i++){
08          int v=G[u][i];
09          if(v==fa) continue;
10          dfs(v,u);
11          sz[u]+=sz[v]; //先调用dfs,算出sz[v]后,再加到sz[u]上
12      }
13  }
14  int main(){
15      cin>>n;
16      for(int i=1;i<n;i++){
17          int u,v; cin>>u>>v;
18          G[u].push_back(v);
19          G[v].push_back(u);
20      }
21      dfs(1,0);
22      for(int i=1;i<=n;i++) cout<<sz[i]<<" ";
23      return 0;
24  }
```

图 17.6

运行结果：

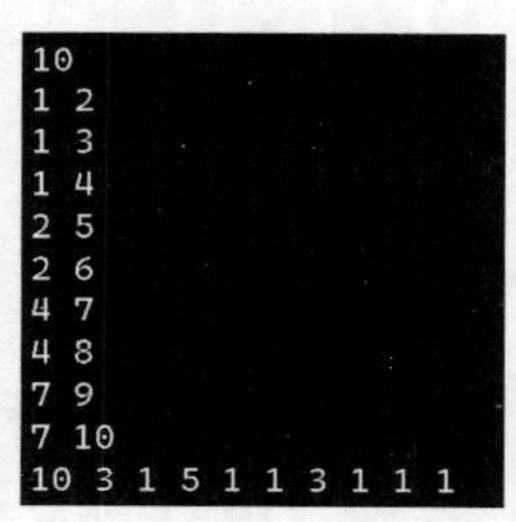

小结：从例 17.2 和例 17.3 两个例题可以看出，问题的答案均是在 DFS 的过程中求解出来的。也就是说，通常情况下，对一棵树进行 DFS 遍历的目的是在这个过程中求出某个问题的答案，这一答案通常满足以下之一：

(1) 通过父亲的答案，快速求出儿子的答案，如例 17.2 的深度统计。

(2) 通过儿子的答案，快速求出父亲的答案，如例 17.3 的子树大小统计。

【例 17.4】 给定一棵以 1 号节点为根的有根树，对于树中每个节点都有点权 a_i，请求出每个节点构成的子树，并统计子树内所有节点的点权最大值。

输入：第一行，一个整数 $n(1 \leqslant n \leqslant 10^5)$，表示树的点数；第二行是每个节点对应的点权 a_i；接下来 $n-1$ 行，表示 $n-1$ 条边的两个端点。

输出：以第 i 个节点为根的子树内点权最大值。

样例输入：

```
6
3 4 5 1 2 6
```

样例输出：

```
6 6 5 1 6 6
```

```
1 2
1 3
2 4
2 5
5 6
```

算法解析：

根据题意，本题可以通过儿子的答案，快速求出父亲的答案。即通过计算儿子的点权，求出父亲的点权最大值。

以样例为例，建立的树如图 17.7 所示。

由图 17.7 可以很容易计算出，以节点{1,2,3,4,5,6}为根对应的子树内点权最大值分别为{6,6,5,1,6,6}。

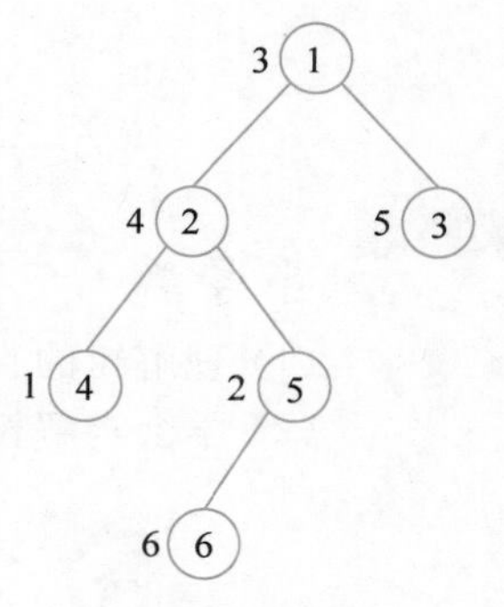

图 17.7

编写程序：

根据以上算法解析，可以编写程序如图 17.8 所示。

```
00 #include<bits/stdc++.h>
01 using namespace std;
02 const int maxn=1e5+5;
03 vector<int> G[maxn];
04 int n,a[maxn],ans[maxn];
05 void dfs(int u,int fa){
06     ans[u]=a[u];
07     for(int i=0;i<G[u].size();i++){
08         int v=G[u][i];
09         if(v==fa) continue;
10         dfs(v,u);
11         ans[u]=max(ans[u],ans[v]);
12     }
13 }
14 int main(){
15     cin>>n;
16     for(int i=1;i<=n;i++) cin>>a[i];
17     for(int i=1;i<n;i++){
18         int u,v; cin>>u>>v;
19         G[u].push_back(v);
20         G[v].push_back(u);
21     }
22     dfs(1,0);
23     for(int i=1;i<=n;i++) cout<<ans[i]<<" ";
24     return 0;
25 }
```

图 17.8

运行结果：

```
6
3 4 5 1 2 6
1 2
1 3
2 4
2 5
5 6
6 6 5 1 6 6
```

第18课 树的直径

导学牌

(1) 理解树的直径的含义。

(2) 学会求解树的(带边权)直径的算法。

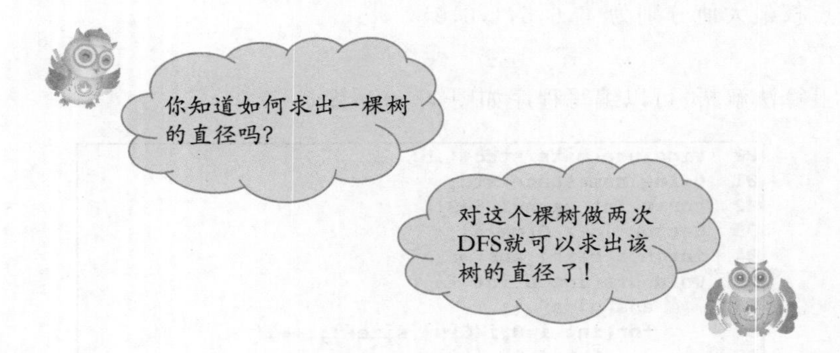

学习坊

1. 树的直径

在图论中,树的直径是指树中任意两个节点之间最长的简单路径,即任意两个节点之间最长路径上的边数。一棵树可以有多条直径,且它们的长度相等。

【例 18.1】 对图 18.1(a)来说,路径(4→3→2→5→7→8)是树 T_1 的直径,即树 T_1 的直径为5。

【例 18.2】 对图 18.1(b)来说,树 T_2 存在多条长度相等的直径,其中路径(1→2→5→8→10)和(3→2→5→6→7)就是树 T_2 的两条直径,即树 T_2 的直径为4。

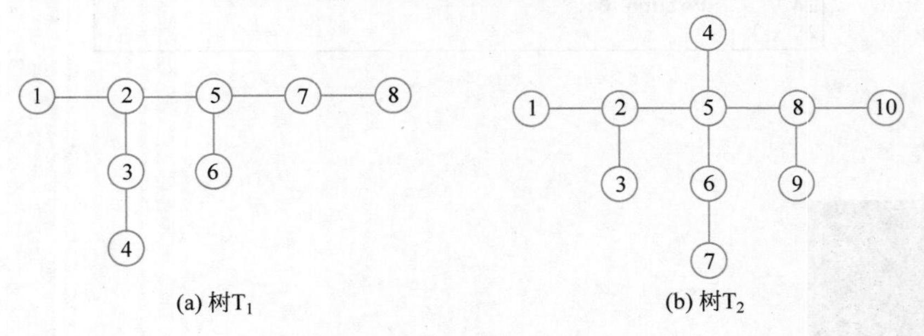

(a) 树T_1　　(b) 树T_2

图 18.1

2. 求解树的直径的算法

一般情况下,对树进行两次 DFS 就可以求出树的直径,具体做法如下。

第一次 DFS：从树的任意节点 u 出发，找到距离节点 u 最远的节点 s。

第二次 DFS：从节点 s 出发，找到距离节点 s 最远的节点 t。

节点 s 到节点 t 的路径(距离)就是树的一条直径。

该算法是可以被严格证明的，感兴趣的读者可以自行尝试证明，本书不另作证明。

【例 18.3】 求树的直径。给定一棵有 n 个节点的树，输出该树的直径。

输入：第一行，一个整数 $n(1\leqslant n\leqslant 10^5)$，表示树的点数；接下来 $n-1$ 行，表示 $n-1$ 条边的两个端点。

输出：一个整数，表示树的直径。

样例输入：

```
8
1 2
2 3
3 4
2 5
5 6
5 7
7 8
```

样例输出：

```
5
```

算法解析：

根据求解直径的算法思想，对树进行两次 DFS 即可。

以样例为例，建立的树如图 18.1(a)所示，求解树 T_1 的直径过程如下。

首先，从树 T_1 的任意节点(例如节点 2)出发，找到距离节点 2 的最远节点 8，再从节点 8 出发，找到距离节点 8 的最远节点 4，求出路径(8→7→5→2→3→4)就是树 T_1 的直径。

思考：在一棵树中，如何找到距离根节点 x 最远的节点呢？

在第 16 课中介绍了有根树的深度，一棵以节点 x 为根的有根树，由于每个节点的深度等于该节点到根节点 x 的距离。所以仅需要找到深度最大的节点即可，该节点就是距离根节点 x 最远的节点。

编写程序：

根据以上算法解析，可以编写程序如图 18.2 所示。

```
00 #include<bits/stdc++.h>
01 using namespace std;
02 const int maxn=1e5+5;
03 int n,dep[maxn],s,t;
04 vector<int> G[maxn];
05 void dfs(int u,int fa){
06     for(int i=0;i<G[u].size();i++){
07         int v=G[u][i];
08         if(v==fa) continue;
09         dep[v]=dep[u]+1;
10         dfs(v,u);
11     }
12 }
13 int main(){
14     cin>>n;
15     for(int i=1;i<n;i++){
16         int u,v; cin>>u>>v;
17         G[u].push_back(v);
18         G[v].push_back(u);
19     }
```

图 18.2

```
20        dfs(1,0);  //以1为根节点进行dfs
21        for(int i=1;i<=n;i++)
22          if(dep[i]>dep[s]) s=i; //找到与节点1最远的点s
23        dep[s]=0;  //由于此时dep[s]不为0，因此需要清空
24        dfs(s,0);  //以s为根节点进行dfs
25        for(int i=1;i<=n;i++)
26          if(dep[i]>dep[t]) t=i; //找到与节点s最远的点t
27        cout<<dep[t]<<endl;        //此时dep[t]就是s-t的长度
28        return 0;
29    }
```

图 18.2(续)

运行结果：

```
8
1 2
2 3
3 4
2 5
5 6
5 7
7 8
5
```

【例 18.4】 求带边权树的直径。给定一棵有 n 个节点的树，该树的每条边都有一个权值(权值可以表示长度、代价等含义)，通常将这样的树称为带边权树。在带边权树中，两个节点的距离定义为它们的路径经过的所有边的边权之和。

输入：第一行，一个整数 $n(1\leqslant n\leqslant 10^5)$，表示树的点数；接下来 $n-1$ 行，分别表示 $n-1$ 条边的两个端点以及这条边对应的边权。

输出：一个整数，表示带边权树的直径。

样例输入：

```
8
1 2 2
1 3 2
2 4 3
2 5 7
3 6 1
3 7 5
6 8 2
```

样例输出：

```
16
```

算法解析：

通常情况下，不带边权的树也可以认为是每条边的边权为 1 的带边权树。

对于带边权的树，一般可以使用一个结构体来存储边的信息，具体如下。

```
struct edge{
    int to,val;         //to 表示端点,val 表示边权
};
```

注意：有时候一条边可能有多个属性，通常可以按需求修改结构体中元素的个数和类型。

求解带边权树的直径方法与不带边权的方式基本是一致的。不同之处在于并非直接求路径经过的边数，而是求路径经过边的边权之和。

以样例为例，建立的树如图 18.3 所示。

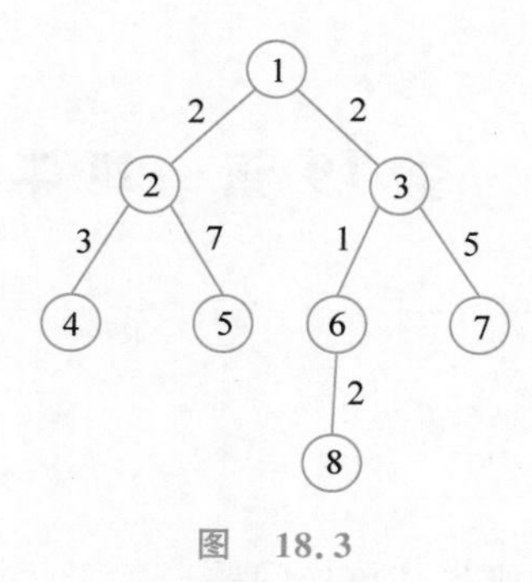

图 18.3

由图 18.3 可以很容易计算出，路径(5→2→1→3→7)就是这棵带边权树的直径，其边权和为 7+2+2+5=16，即该带边权树的直径为 16。

编写程序：

根据以上算法解析，可以编写程序如图 18.4 所示。

```
00 #include<bits/stdc++.h>
01 using namespace std;
02 const int maxn=1e5+5;
03 int n,dep[maxn],s,t;
04 struct edge{
05     int to,val;
06 };
07 vector<edge> G[maxn];
08 void dfs(int u,int fa){
09     for(int i=0;i<G[u].size();i++){
10         int v=G[u][i].to;
11         if(v==fa) continue;
12         dep[v]=dep[u]+G[u][i].val;
13         dfs(v,u);
14     }
15 }
16 int main(){
17     cin>>n;
18     for(int i=1;i<n;i++){
19         int u,v,w; cin>>u>>v>>w;
20         G[u].push_back((edge){v,w});
21         G[v].push_back((edge){u,w});
22     }
23     dfs(1,0);
24     for(int i=1;i<=n;i++) if(dep[i]>dep[s]) s=i;
25     dep[s]=0; dfs(s,0);
26     for(int i=1;i<=n;i++) if(dep[i]>dep[t]) t=i;
27     cout<<dep[t]<<endl;
28     return 0;
29 }
```

图 18.4

运行结果：

```
8
1 2 2
1 3 2
2 4 3
2 5 7
3 6 1
3 7 5
6 8 2
16
```

第19课　奶牛马拉松

导学牌

学会使用树的直径解决奶牛马拉松问题。

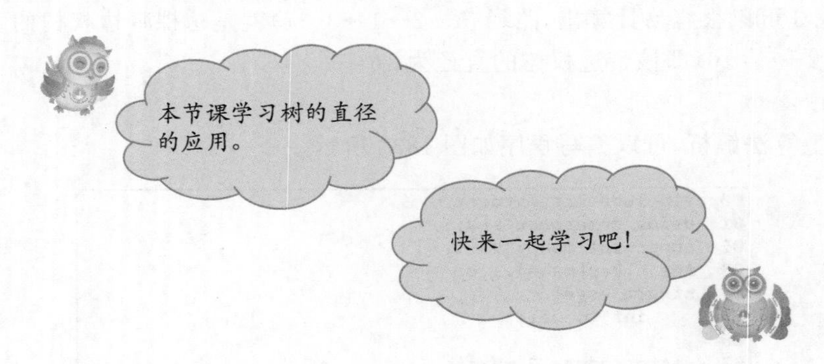

学习坊

【例 19.1】　奶牛马拉松。农夫约翰希望他的奶牛得到更多的锻炼,于是他准备为奶牛们创办一场奶牛马拉松。马拉松路线包括两个农场和一条由农场之间的一系列道路组成的路径。为了让奶牛们尽可能多地锻炼,他希望在地图上找到相距最远的两个农场(距离是以两个农场之间的道路总长度来衡量的)。请你帮他确定两个最远农场之间的距离。

输入:第一行是两个整数 n 和 m,分别表示 n 个农场和 m 条道路。接下来 m 行,每行给出 a,b,c,d,a 和 b 表示农场的编号,c 表示农场之间的距离,d 是方向,表示 b 在 a 的 d 侧,且 d 只有 N(北)、S(南)、W(西)、E(东)四个方向。

输出:一个整数,表示最远的农场之间的距离。

说明:对于 100%数据,$1\leqslant n,m\leqslant 4\times 10^4$。

注:题目出自 http://poj.org/problem?id=1985。

样例输入:

```
7 6
1 6 13 E
6 3 9 E
3 5 7 S
4 1 3 N
2 4 20 W
4 7 2 S
```

样例输出:

```
52
```

算法解析：

由题意可知，这是一道求带边权的树的直径问题，求解方法与不带边权的方式类似。对树进行两次 DFS 即可，具体过程如下。

以样例为例，建立的树如图 19.1 所示。

第一次 DFS：从节点 1 出发，找到距离节点 1 最远的节点 5(节点 1 到节点 5 路径上的边权和最大，其边权和为 13+9+7=29)。

第二次 DFS：从节点 5 出发，找到距离节点 5 最远的节点 2(节点 5 到节点 2 路径上的边权和为 13+9+7+3+20=52)。

节点 5 到节点 2 的路径就是树的一条带边权直径。

经过计算可知最远的农场之间的距离为 52。

图 19.1

编写程序：

根据以上算法解析，可以编写程序如图 19.2 所示。

```
00 #include<iostream>
01 #include<vector>
02 #include<string>
03 using namespace std;
04 typedef pair<int,int> pi;
05 const int maxn=4e4+5;
06 vector<pi> G[maxn];
07 int n,m,dis[maxn];
08 void dfs(int u,int fa){
09     for(int i=0;i<G[u].size();i++){
10         int v=G[u][i].first;
11         if(v==fa) continue;
12         dis[v]=dis[u]+G[u][i].second;
13         dfs(v,u);
14     }
15 }
16 int main(){
17     scanf("%d%d",&n,&m);
18     for(int i=1;i<=m;i++){
19         int u,v,w; char c[5];
20         scanf("%d%d%d%s",&u,&v,&w,&c);
21         G[u].push_back(make_pair(v,w));
22         G[v].push_back(make_pair(u,w));
23     }
24     int s,t;
25     dis[1]=0; dfs(1,0);
26     s=1; for(int i=1;i<=n;i++) if(dis[s]<dis[i]) s=i;
27     dis[s]=0; dfs(s,0);
28     t=1; for(int i=1;i<=n;i++) if(dis[t]<dis[i]) t=i;
29     cout<<dis[t]<<endl;
30     return 0;
31 }
```

图 19.2

运行结果：

```
7 6
1 6 13 E
6 3 9 E
3 5 7 S
4 1 3 N
2 4 20 W
4 7 2 S
52
```

程序说明：

本题源于北京大学 OJ 平台 http://poj.org，如果在该平台提交程序，必须注意以下三点。

（1）不能使用万能头文件 #include <bits/stdc++.h>，而是包含程序中可能使用到的所有头文件库，如程序第 00～02 行所示。

（2）使用 scanf()读入数据，如程序的第 17、20 行所示。

（3）在向邻接表插入二元组类型 pi 时，不能直接使用“G[u].push_back((pi){v,w})”，而应该使用 make_pair()函数创建一个二元组对象存放在邻接表中，如程序第 21、22 行所示。

否则，在线提交后，程序将会报错。

第20课　核心城市

导学牌

学会使用树的直径解决核心城市问题。

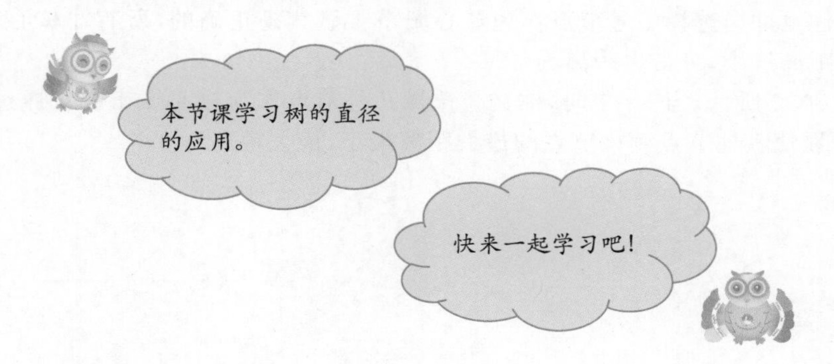

学习坊

【例 20.1】 核心城市。X 国有 n 座城市，$n-1$ 条长度为 1 的道路，每条道路连接两座城市，且任意两座城市都能通过若干条道路相互到达，显然，城市和道路形成了一棵树。

X 国国王决定将 k 座城市钦定为 X 国的核心城市，这 k 座城市需满足以下两个条件。

(1) 这 k 座城市可以通过道路，在不经过其他城市的情况下两两相互到达。

(2) 定义某个非核心城市与这 k 座核心城市的距离为这座城市与 k 座核心城市的距离的最小值。那么所有非核心城市中，与核心城市的距离最大的城市，其与核心城市的距离最小。你需要求出这个最小值。

输入：第一行是两个整数 n 和 k。接下来 $n-1$ 行，每行两个正整数 u 和 v，表示第 u 座城市与第 v 座城市之间有一条长度为 1 的道路。

输出：一个整数，表示答案。

说明：

(1) 样例解释：钦定 1、2、5 这 3 座城市为核心城市，这样 3、4、6 另外 3 座非核心城市与核心城市的距离均为 1，因此答案为 1。

(2) 对于 100%的数据：$1\leqslant k<n\leqslant 10^5$。$1\leqslant u, v\leqslant n, u\neq v$，保证城市与道路形成一棵树。

注：题目出自 https://www.luogu.com.cn/problem/P5536。

样例输入：

```
6 3
1 2
```

样例输出：

```
1
```

```
2 3
2 4
1 5
5 6
```

算法解析：

由题意可知，本题的目标是让所有非核心城市到 k 个核心城市距离的最大值尽可能小，并输出这个值。

思考：根据以上目标，当 $k=1$ 时，应该选取哪个城市（节点代表城市）作为核心城市呢？以样例为例，如图 20.1 所示。

凭直觉你也许会选择 1 号节点作为核心城市。显然是正确的，所有非核心城市到核心城市的最大距离最小，且最大距离为 2。

再如图 20.2 所示，当 $k=1$ 时，你又会选择几号节点作为核心城市呢？通过观察，选择 5 号节点，可以使其他节点到该节点的最大距离最小，最大距离为 2。

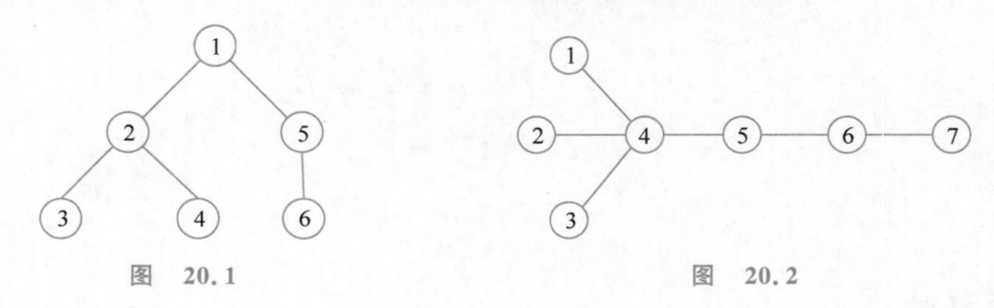

图 20.1　　　　图 20.2

总结：由上可知，当 $k=1$ 时，选择树的直径中点，就可以使其他节点到直径中点的最大距离最小，这是由于如果不选择直径中点，那么直径的两个端点至少有一个端点到中点的距离超过直径长度的一半。

思考：当 $k \neq 1$ 的情况下，首先选取树的直径中点作为第 1 个核心城市，然后剩下的 $k-1$ 个节点该如何选择呢？

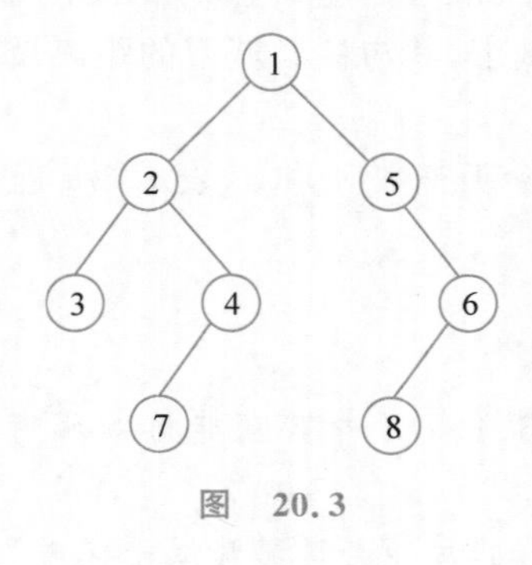

图 20.3

以图 20.3 为例，假设 $k=4$。首先选择 1 号节点作为第 1 个核心城市，此时距离核心城市节点{1}的最大距离为 3；然后选择 2 号节点（或者 5 节点）作为第 2 个核心城市，此时距离核心城市节点{1、2}的最大距离仍为 3；再选择 5 号节点（或 2 号节点）作为第 3 个核心城市，此时距离核心城市节点{1、2、5}的最大距离更新为 2；最后选择 4 号节点（或 6 号节点）作为第 4 个核心城市，此时距离核心城市节点{1、2、4、5}的最大距离仍为 2。

总结：在 $k \neq 1$ 的情况下，就是本题要解决的问题，具体步骤如下。

(1) 选取直径中点（假设为 x）作为第 1 个核心城市。

(2) 以直径中点 x 为根做一遍 DFS，求出每个子树的高度。假设使用 dep[]记录每个子树的高度，则有 $dep[u]=1+\max\{dep[v]\}$，其中 v 是 u 的儿子。

(3) 每次贪心地选取高度最大的节点，如 dep[2]=dep[5]=2，因此选择第 2 个核心城市时,2 号节点和 5 号节点均可。

(4) 答案为所有未选节点高度的最大值,如图 20.3 所示,选完 4 个节点作为核心城市后,剩下的、未被选择的节点{3、6、7、8},其中 6 号节点的高度最大,即 dep[6]=2 就是答案。

编写程序:

根据以上算法解析,可以编写程序如图 20.4 所示。

```
00 #include<bits/stdc++.h>
01 using namespace std;
02 const int maxn=1e6+5;
03 vector<int> G[maxn];
04 int dis[maxn],pre[maxn],dep[maxn],n,k;
05 void dfs(int u,int fa){
06     dep[u]=1; pre[u]=fa;  //pre[u]记录u的父亲节点
07     for(int i=0;i<G[u].size();i++){
08         int v=G[u][i];
09         if(v==fa) continue;
10         dis[v]=dis[u]+1;
11         dfs(v,u);
12         dep[u]=max(dep[u],dep[v]+1);
13     }
14 }
15 int main(){
16     cin>>n>>k;
17     for(int i=1;i<n;i++){
18         int u,v; cin>>u>>v;
19         G[u].push_back(v);
20         G[v].push_back(u);
21     }
22     int s,t;
23     dis[1]=0; dfs(1,0);
24     s=1; for(int i=1;i<=n;i++) if(dis[s]<dis[i]) s=i;
25     dis[s]=0; dfs(s,0);
26     t=1; for(int i=1;i<=n;i++) if(dis[t]<dis[i]) t=i;
27     int x=t;          //从t出发向上跳dis[t]/2步, dis[t]是直径长度
28     for(int i=0;i<dis[t]/2;i++) x=pre[x];
29     dis[x]=0; dfs(x,0);
30     sort(dep+1,dep+n+1);
31     cout<<dep[n-k]<<endl;
32     return 0;
33 }
```

图 20.4

运行结果:

```
6 3
1 2
2 3
2 4
1 5
5 6
1
```

程序说明:

在本题中,首先要找出直径的中点,其方法是:在 DFS 过程中,用数组 pre[]记录每个节点的父亲,如程序的第 6 行"pre[u]=fa"所示,然后当找到节点 s 到 t 的一条直径后,再从节点 t 出发,向父亲节点跳 dis[t]/2 步,这样便找到了直径的中点,如程序的第 27、28 行所示。

第21课 树的重心

导学牌

（1）理解树的重心的含义。

（2）学会求解树的重心。

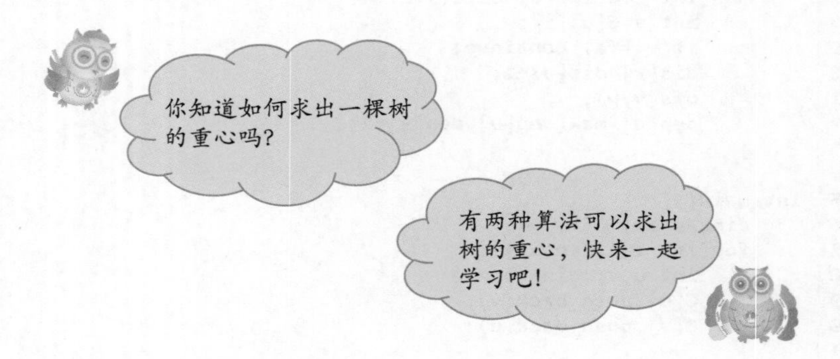

学习坊

1. 树的重心的定义

在图论中，树的重心也称树的质心。对于树上的每一个节点，计算其所有子树中最大的子树节点数，这个值最小的节点就是这棵树的重心。换句话说，如果删除这个节点，那么这棵树剩余部分的最大连通块的节点数将是最小的。

【例 21.1】 求出图 21.1 所示树的重心。

根据树的重心的定义，首先分别计算出这棵树上所有节点的最大子树的节点数，具体计算如下。

以节点 1 为根，其最大子树的节点数为 3。

以节点 2 为根，其最大子树的节点数为 4。

以节点 3 为根，其最大子树的节点数为 2。

以节点 4 为根，其最大子树的节点数为 4。

以节点 5 为根，其最大子树的节点数为 4。

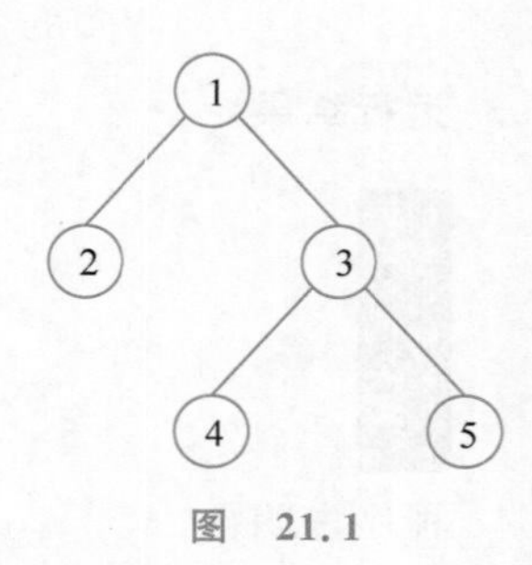

图 21.1

由上述计算过程可知，以节点 3 为根的最大子树的节点数最小，所以节点 3 就是这棵树的重心。

2. 树的重心的性质

从以上树的重心的定义，可以推出重心的几点性质，具体如下。

(1) 以重心为根,所有子树的大小都不超过整棵树的一半(如果不以重心为根,则存在一个子树的大小超过整棵树的一半)。

(2) 一棵树最多有两个重心,且如果有,这两个重心是相邻的。

(3) 树中所有节点到某个节点的距离和中,到重心的距离和是最小的。

(4) 在一棵树上添加或删除一个叶子节点,那么它的重心最多只移动一条边的距离。

【例 21.2】 对图 21.2(a)来说,树 T_1 是由图 21.1 转化为以节点 3 为根的树,其最大的子树节点数为 2,显然小于整棵树的节点数 5 的一半。

【例 21.3】 对图 21.2(b)来说,树 T_2 有两个重心,分别是节点 2 和 4,且这两个重心是相邻的。

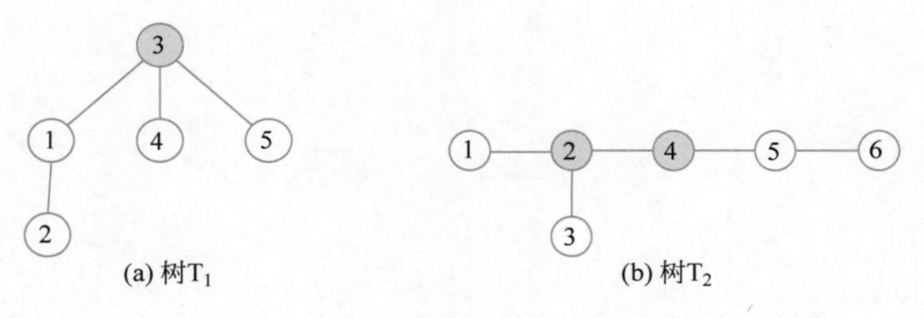

图 21.2

【例 21.4】 对图 21.3 来说,该树有两个重心,分别是节点 1 和 4,且所有节点到每个节点的距离和中,到重心 1 和 4 的距离和是 7。

所有节点到每个节点的距离和的具体计算如下。

到节点 1 的距离和为 0+1+1+1+2+2=7。

到节点 2 的距离和为 1+0+2+2+3+3=11。

到节点 3 的距离和为 1+2+0+2+3+3=11。

到节点 4 的距离和为 1+2+2+0+1+1=7。

到节点 5 的距离和为 2+3+3+1+0+2=11。

到节点 6 的距离和为 2+3+3+1+2+0=11。

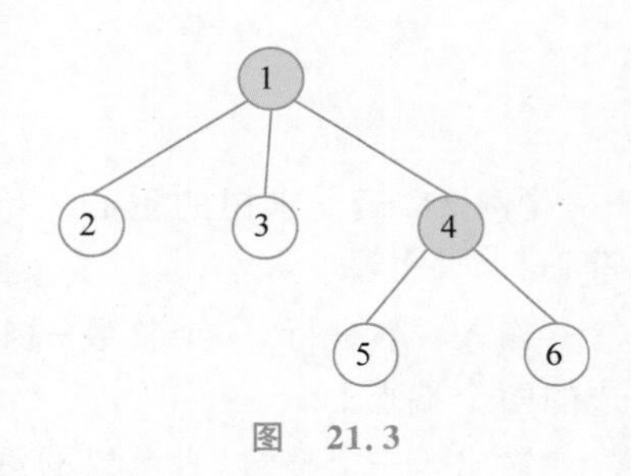

图 21.3

从以上计算过程可以看出,所有节点到每个节点的距离和中,到重心 1 和 4 的距离和最小。

注意:如果一个棵树有两个重心,那么这棵树一定有偶数个节点,如图 21.4(a)所示,但有偶数个节点的树不一定含有两个重心,如图 21.4(b)所示。

图 21.4

3. 求解树的重心的算法

算法 1:根据重心的定义查找树的重心。

由定义可知，对于每个节点，计算出其所有子树的大小，并求出其中的最大值即可。

在第17课中介绍了子树大小的统计方法，即对于一棵有根树，如图21.5(a)所示，假设以节点1为根节点，在$O(n)$的时间内可以计算出其每棵子树的大小。换句话说，在有根树中，对于每个节点都可以快速地计算出其向下的子树的大小，但如果该点不是根，那么它还有一棵向上的子树，且这棵向上的子树大小为：整棵树的大小减去以该点为根的子树大小。

以图21.5(a)中的节点4为例，以节点4为根的子树大小为6，如图21.5(c)所示，该节点还有一棵向上的子树，如图21.5(b)所示，其大小为9－6＝3(整棵树的大小减去以该点为根的子树大小)。

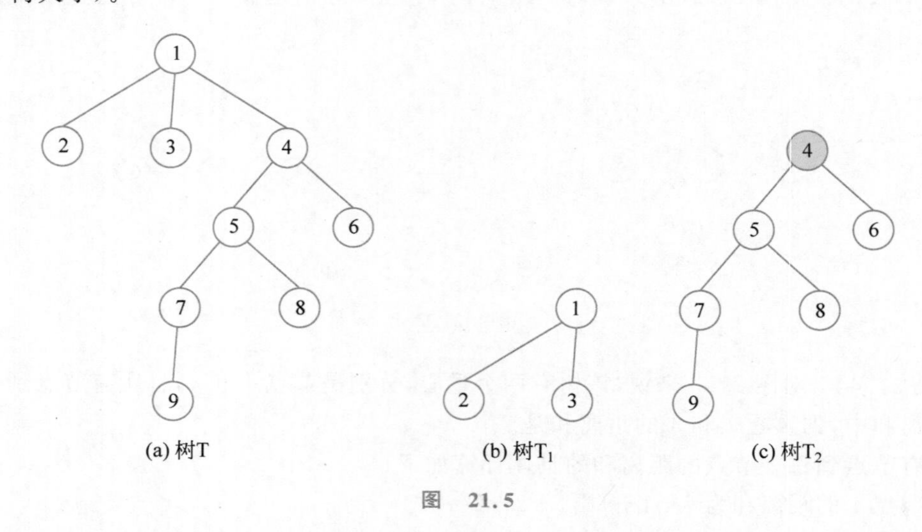

(a) 树T　(b) 树T_1　(c) 树T_2

图　21.5

【例21.5】　求树的重心。给定一棵以1号节点为根的有根树，用算法1求出该树的重心。

输入：第一行，一个整数$n(1\leqslant n\leqslant 10^5)$，表示树的点数；接下来$n-1$行，表示$n-1$条边的两个端点。

输出：一个整数，表示树的重心。

样例输入：

```
9
1 2
1 3
1 4
4 5
4 6
5 7
5 8
7 9
```

样例输出：

```
4
```

算法解析：

根据定义求解树的重心，算法思想详见算法1，此处不作重复介绍。

以样例为例，建立的树如图21.5(a)所示。

编写程序：

根据算法 1 的解析，可以编写程序如图 21.6 所示。

```
00 #include<bits/stdc++.h>
01 using namespace std;
02 const int maxn=1e5+5;
03 vector<int> G[maxn];
04 int sz[maxn],mn[maxn];//mn[x]用于记录节点x的所有子树大小的最大值
05 int best,n;
06 void dfs(int u,int fa){
07     sz[u]=1;
08     for(int i=0;i<G[u].size();i++){
09         int v=G[u][i];
10         if(v==fa) continue;
11         dfs(v,u);
12         sz[u]+=sz[v];
13         mn[u]=max(mn[u],sz[v]);
14     }
15     if(u>1) mn[u]=max(mn[u],n-sz[u]);//向上的子树大小为n-sz[u]
16 }
17 int main(){
18     cin>>n;
19     for(int i=1;i<n;i++){
20         int u,v; cin>>u>>v;
21         G[u].push_back(v);
22         G[v].push_back(u);
23     }
24     dfs(1,0); best=n;
25     for(int i=1;i<=n;i++) best=min(best,mn[i]);
26     for(int i=1;i<=n;i++)
27       if(mn[i]==best) cout<<i<<endl;
28       return 0;
29 }
```

图 21.6

运行结果：

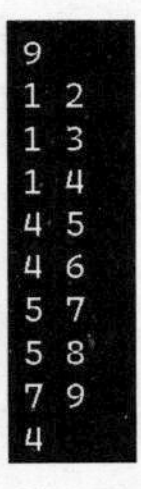
```
9
1 2
1 3
1 4
4 5
4 6
5 7
5 8
7 9
4
```

算法 2：根据重心的性质 1 查找树的重心。

根据性质 1，首先任选一节点作为根，计算出每棵子树的大小，然后判断所有子树的大小是否都不超过整树的一半。如果是，则该点就是树的重心；否则，存在唯一的超过整棵树一半的子树，跳到这棵子树的根节点，如果它的所有子树大小都不超过整棵树的一半，则它就是树的重心；否则，再找到超过整棵树一半的子树，继续跳到这棵子树的根节点，重复上述过程，直到找到重心为止。

以图 21.7(a)为例，首先以节点 1 作为根，计算出每棵子树的大小。存在一棵以节点 3 为根的子树大小超过了整棵树的一半，如图 21.7(b)所示。跳到节点 3，以节点 3 为根的所有子树大小都不超过整棵树的一半，则说明节点 3 就是树 T 的重心。

思考：如果在图 21.7(a)树 T 的节点 11 上再挂一棵叶子节点 12，如图 21.8(a)所示，当跳到节点 3 时，找到一棵以节点 5 为根的子树，其大小刚好是整棵树的一半，如图 21.8(b)所示。这又说明什么呢？

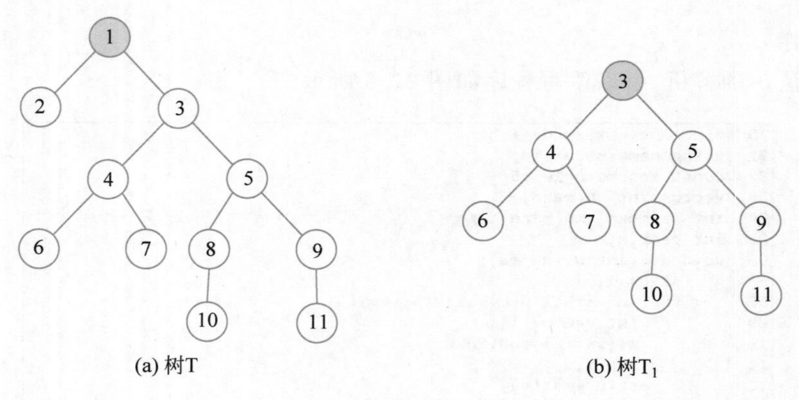

(a) 树T (b) 树T_1

图 21.7

说明节点 5 也是图 21.8(a)树 T′的重心，即树 T′有两个重心，分别是节点 3 和节点 5。

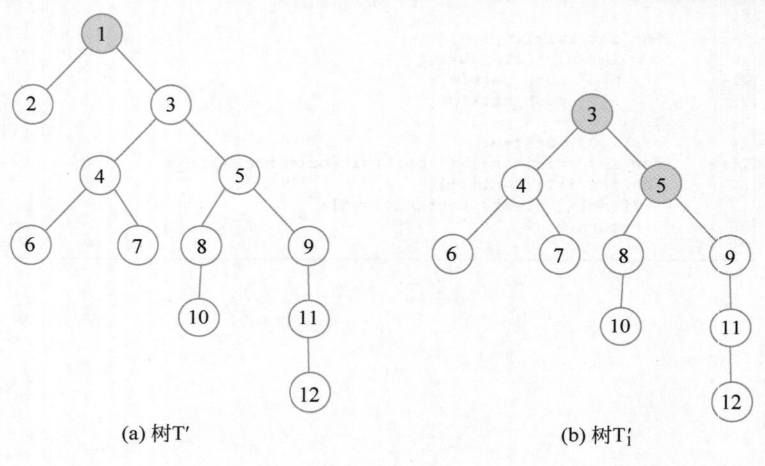

(a) 树T′ (b) 树T_1'

图 21.8

【例 21.6】 求树的重心。给定一棵以 1 号节点为根的有根树，用算法 2 求出该树的重心。

输入：第一行，一个整数 $n(1\leqslant n\leqslant 10^5)$，表示树的点数；接下来 $n-1$ 行，表示 $n-1$ 条边的两个端点。

输出：一个整数，表示树的重心。

样例输入：

```
12
1 2
1 3
3 4
3 5
4 6
4 7
5 8
5 9
8 10
9 11
11 12
```

样例输出：

```
3
5
```

算法解析：

根据性质 1 求解树的重心，算法思想详见算法 2，此处不作重复介绍。

以样例为例，建立的树如图 21.8(a)所示。

编写程序：

根据算法 2 的解析，可以编写程序如图 21.9 所示。

```
00 #include<bits/stdc++.h>
01 using namespace std;
02 const int maxn=1e5+5;
03 vector<int> G[maxn];
04 int sz[maxn],mn[maxn];//mn[x]用于记录节点x的所有子树大小的最大值
05 int best,n;
06 void dfs(int u,int fa){
07     sz[u]=1;
08     for(int i=0;i<G[u].size();i++){
09         int v=G[u][i];
10         if(v==fa) continue;
11         dfs(v,u);
12         sz[u]+=sz[v];
13     }
14 }
15 void find_centroid(int u,int fa){
16     int w=0;//记录最大子树的根节点
17     for(int i=0;i<G[u].size();i++){
18         int v=G[u][i];
19         if(v==fa) continue;
20         if(sz[w]<sz[v]) w=v;
21     }
22     if(sz[w]<=n/2) cout<<u<<endl;
23     if(sz[w]>=n/2) find_centroid(w,u);
24 }
25 int main(){
26     cin>>n;
27     for(int i=1;i<n;i++){
28         int u,v; cin>>u>>v;
29         G[u].push_back(v);
30         G[v].push_back(u);
31     }
32     dfs(1,0);
33     find_centroid(1,0);
34     return 0;
35 }
```

图 21.9

运行结果：

```
12
1 2
1 3
3 4
3 5
4 6
4 7
5 8
5 9
8 10
9 11
11 12
3
5
```

第 22 课　会议问题

导学牌

学会使用树的重心解决会议问题。

学习坊

【例 22.1】　会议问题。有一个村庄居住着 n 位村民,有 $n-1$ 条路径使得这 n 位村民的家连通,每条路径的长度都为 1。现在村长希望在某位村民家中召开一场会议,村长希望所有村民到会议地点的距离之和最小,那么村长应该把会议地点设置在哪位村民的家中,并且这个距离总和最小是多少?若有多个节点满足条件,则选择节点编号最小的那个点。

输入:第一行,一个数 n,表示有 n 位村民。接下来 $n-1$ 行,每行两个数字 a 和 b,表示村民 a 的家和村民 b 的家之间存在一条路径。

输出:一行,输出两个数字 x 和 y。x 表示村长将会在哪位村民家中举办会议。y 表示距离之和的最小值。

说明:对于 70%的数据 $n \leqslant 10^3$;对于 100%的数据 $n \leqslant 5 \times 10^4$。

注:题目出自 https://www.luogu.com.cn/problem/P1395。

样例输入:

```
4
1 2
2 3
3 4
```

样例输出:

```
2 4
```

算法解析:

由“树中所有节点到某个节点的距离和中,到重心的距离和是最小的”这一性质可知,首先找出树的重心,然后做一遍 DFS 求出每个节点到重心的距离并统计答案。若有两个重心，则所有节点到这两个重心的距离之和是相同的，故取编号较小的重心即可。

时间复杂度为 $O(n)$。

编写程序：

根据以上算法解析，可以编写程序如图 22.1 所示。

```
00 #include<bits/stdc++.h>
01 using namespace std;
02 const int maxn=5e4+10;
03 vector<int> G[maxn],ans;
04 int n,sz[maxn],dis[maxn],mn[maxn];
05 void dfs(int u,int fa){
06     sz[u]=1;
07     for(int i=0;i<G[u].size();i++){
08         int v=G[u][i];
09         if(v==fa)continue;
10         dis[v]=dis[u]+1;
11         dfs(v,u);
12         sz[u]+=sz[v];
13         mn[u]=max(mn[u],sz[v]);
14     }
15     if(u>1) mn[u]=max(mn[u],n-sz[u]);
16 }
17 int main(){
18     cin>>n;
19     for(int i=1;i<n;i++){
20         int u,v; cin>>u>>v;
21         G[u].push_back(v);
22         G[v].push_back(u);
23     }
24     dfs(1,0);
25     int ans=1,sum=0;
26     for(int i=2;i<=n;i++) if(mn[i]<mn[ans]) ans=i;
27     dis[ans]=0; dfs(ans,0);
28     for(int i=1;i<=n;i++) sum+=dis[i];
29     cout<<ans<<' '<<sum<<endl;
30     return 0;
31 }
```

图 22.1

运行结果：

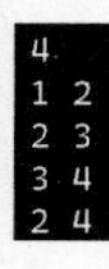

第23课 医院设置

导学牌

学会使用树的加权重心解决医院设置问题。

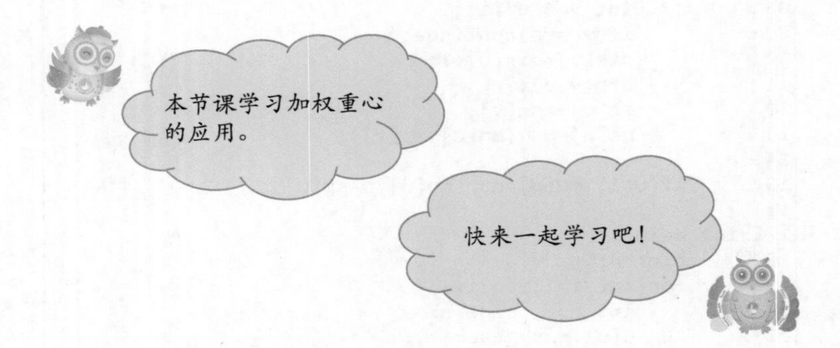

学习坊

【例 23.1】 医院设置。设有一棵二叉树,如图 23.1 所示。其中,圈中的数字表示节点中居民的人口。圈边上的数字表示节点编号,现在要求在某个节点建立一个医院,使所有居民所走的路程之和最小,同时约定,相邻节点之间的距离为 1。若医院建在 1 处,则距离和为 $4+12+2\times20+2\times40=136$;若医院建在 3 处,则距离和为 $4\times2+13+20+40=81$。

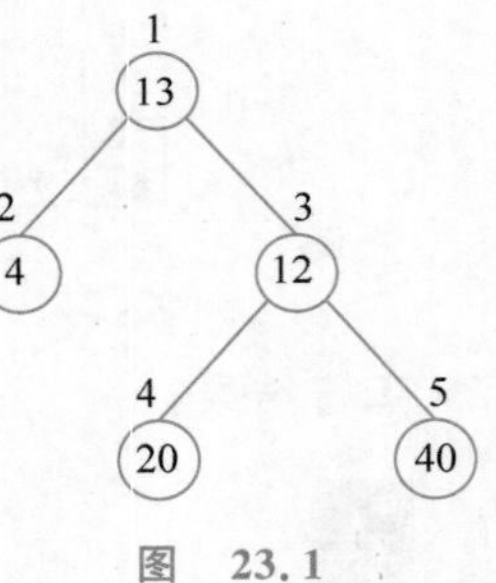

图 23.1

输入:第一行,一个整数 n,表示树的节点数。接下来 n 行,每行描述一个节点的状况,包含三个整数 w、u、v,其中 w 为居民人口数,u 为左链接(为 0 表示无链接),v 为右链接(为 0 表示无链接)。

输出:一个整数,表示最小距离和。

说明:对于 100% 的数据,保证 $1\leqslant n\leqslant100$,$0\leqslant u,v\leqslant n$,$1\leqslant w\leqslant10^5$。

注:题目出自 https://www.luogu.com.cn/problem/P1364。

样例输入:

```
5
13 2 3
4 0 0
12 4 5
20 0 0
40 0 0
```

样例输出:

```
81
```

算法解析：

根据题意可知，本题与第 20 课的会议问题类似，区别在于本题的每个节点都带有一个“权重值”(也称权值)，即本题是一道带权(也称加权)重心问题。

在一般的重心问题(如会议问题)中，所有节点到某个节点的距离和最小的节点就是重心。而在带权重心问题中，带权重心则是所有节点到某个节点的权值乘上距离之和最小的节点。当然，一般的重心问题也可以看作权值为 1 的带权重心问题。

在会议问题中，利用的是(第 21 课)求解重心的算法 1——根据重心的定义查找重心。本题也可以参考此算法求解加权重心，即在计算子树大小时，使用数组 sz[]记录子树内权值之和即可。具体实现过程如图 23.2 所示。

除了上述算法，本题还可以使用(第 21 课)求解重心的算法 2 查找加权重心，即利用“以重心为根，所有子树的大小都不超过整棵树的一半”这一性质查找加权重心。即从根节点出发，如果存在一个孩子的权值之和超过整棵树总权值的一半，则跳到它的孩子节点，如果该孩子节点还存在一个孩子的权值之和超过了整棵树总权值的一半，则继续跳到该孩子的孩子节点。重复执行这个过程，直到找到加权重心为止。具体实现如图 23.3 所示。

时间复杂度均为 $O(n)$。

注意： 本题读入的是一棵二叉树，其读入方式与传统的树的读入方式(传统方式通常是先读入 n 个节点，再读入 $n-1$ 条边)略有不同。如样例所示，本题的读入方式是依次读入每个节点的权值、左孩子和右孩子。如果左孩子和右孩子为空时，分别读入的是 0 和 0，具体实现方式如图 23.2 中的第 24～30 行所示。

编写程序：

根据以上算法解析，可以编写程序如图 23.2(算法 1)和图 23.3(算法 2)所示。

```
00 #include<bits/stdc++.h>
01 using namespace std;
02 const int maxn=105;
03 vector<int> G[maxn],ans;
04 int sz[maxn],dis[maxn],mn[maxn],w[maxn];
05 int n,tot;
06 void dfs(int u,int fa){
07     sz[u]=w[u];  //该节点的权重
08     for(int i=0;i<G[u].size();i++){
09         int v=G[u][i];
10         if(v==fa) continue;
11         dis[v]=dis[u]+1;
12         dfs(v,u);
13         sz[u]+=sz[v];
14         mn[u]=max(mn[u],sz[v]);
15     }
16     if(u>1) mn[u]=max(mn[u],tot-sz[u]);
17 }
18 void add_edge(int u,int v){
19     G[u].push_back(v);
20     G[v].push_back(u);
21 }
22 int main(){
23     cin>>n;
24     for(int i=1;i<=n;i++){
25         int u,v;
26         cin>>w[i]>>u>>v;
27         tot+=w[i];               //总权值
28         if(u) add_edge(i,u); //如果左孩子不为0，连一条
29         if(v) add_edge(i,v); //如果右孩子不为0，连一条
30     }
31     dfs(1,0);
32     int ans=1,sum=0;
33     for(int i=2;i<=n;i++) if(mn[i]<mn[ans]) ans=i;
34     dis[ans]=0; dfs(ans,0);
35     for(int i=1;i<=n;i++) sum+=dis[i]*w[i];
36     cout<<sum<<endl;
37     return 0;
38 }
```

图 23.2

```
00  #include<bits/stdc++.h>
01  using namespace std;
02  const int maxn=105;
03  vector<int> G[maxn],ans;
04  int n,sz[maxn],dis[maxn],w[maxn]; //sz[]记录权值之和
05  void dfs(int u,int fa){
06      sz[u]=w[u];
07      for(int i=0;i<G[u].size();i++){
08          int v=G[u][i];
09          if(v==fa) continue;
10          dis[v]=dis[u]+1;
11          dfs(v,u); sz[u]+=sz[v]; //计算u的权值之和
12  
13      }
14  }
15  int work(int u,int fa){  //找重心
16      for(int i=0;i<G[u].size();i++){
17          int v=G[u][i];
18          if(v==fa) continue;
19          if(sz[v]*2>=sz[1]) return work(v,u);
20      }
21      return u;
22  }
23  void add_edge(int u,int v){
24      G[u].push_back(v);
25      G[v].push_back(u);
26  }
27  int main(){
28      cin>>n;
29      for(int i=1;i<=n;i++){
30          int u,v;
31          cin>>w[i]>>u>>v;
32          if(u) add_edge(i,u); //如果左孩子不为0，连一条
33          if(v) add_edge(i,v); //如果右孩子不为0，连一条
34      }
35      dfs(1,0);
36      int ans=work(1,0);
37      dis[ans]=0; dfs(ans,0);
38      int sum=0;
39      for(int i=1;i<=n;i++) sum+=dis[i]*w[i];
40      cout<<sum<<endl;
41      return 0;
42  }
```

图 23.3

运行结果：

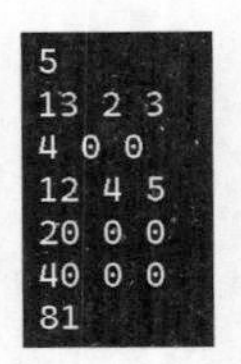

程序说明：

程序的第 19 行表示如果存在一个孩子的权值之和超过总权值的一半，跳到该孩子节点，其对应的条件表达式为“sz[v]>=sz[1]/2”，但此处可改写成“sz[v] * 2>=sz[1]”的形式，这样就可以避免出现类似于“2>=5/2”的错误判断。当然此处也可以写成“sz[v]>sz[1]/2”的形式，因为只有当存在两个加权重心时，才有“sz[v]==sz[1]/2”的情况。而又有所有节点到两个加权重心的距离和是相等的，所以此时可以选择不跳到该孩子节点。

第 24 课　算法实践园

导学牌

掌握树的基础及其树的应用。

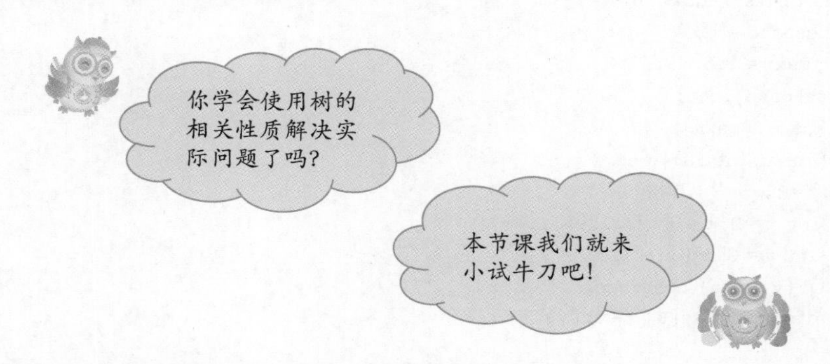

实践园一：树的分解

【题目描述】　给出 N 个点的树和 K，问能否把树划分成 N/K 个连通块，且每个连通块的点数都是 K。

输入：第一行为一个整数 T，表示数据组数。接下来 T 组数据，对于每组数据有，第一行，两个整数 N 和 K；接下来 $N-1$ 行，每行两个整数 A_i 和 B_i，表示边 (A_i, B_i)。点用 $1,2,\cdots,N$ 编号。

输出：对于每组数据，输出 YES 或 NO。

说明：对于 60% 的数据，$1 \leqslant N, K \leqslant 10^3$；对于 100% 的数据，$1 \leqslant T \leqslant 10$，$1 \leqslant N, K \leqslant 10^5$。

注：题目出自 https://www.luogu.com.cn/problem/P3915。

样例输入：

```
2
4 2
1 2
2 3
3 4
4 2
1 2
1 3
1 4
```

样例输出：

```
YES
NO
```

算法提示：

本题如果有解，则方案是唯一确定的。该题可以使用贪心策略进行树的划分：如果找到一棵大小为 K 的子树，就将其切割下来。具体步骤如下。

(1) 从下往上划分树，并统计每棵子树的大小。

(2) 如果当前子树的大小恰好是 K，就将这棵子树切割下，计数之后，将该子树的大小设定为0(当前子树为0时，就不会对上方子树产生贡献)。

(3) 如果在遍历整棵树之后，计数器的值为 N/K，说明有解；否则，无解。

实践园一参考程序：

```
#include<bits/stdc++.h>
using namespace std;
const int maxn = 1e5 + 5;
int n,k,sz[maxn],cnt;
vector<int> G[maxn];
void dfs(int u,int fa){
    sz[u] = 1;
    for(int i = 0;i < G[u].size();i++){
        int v = G[u][i];
        if(v == fa) continue;
        dfs(v,u); sz[u] += sz[v];
    }
    if(sz[u] == k){
        cnt++;
        sz[u] = 0;
    }
}
void solve(){
    cin >> n >> k; cnt = 0;
    for(int i = 1;i <= n;i++) G[i].clear();          //多测时注意清空数组
    for(int i = 1;i < n;i++){
        int u,v; cin >> u >> v;
        G[u].push_back(v);
        G[v].push_back(u);
    }
    if(n % k!= 0){
        cout <<"NO"<< endl;
        return;
    }
    dfs(1,0);
    if(cnt == n/k) cout <<"YES"<< endl;
    else cout <<"NO";
}
int main(){
    int T; cin >> T;
    while(T--) solve();
    return 0;
}
```

实践园二：洛谷的文件夹

【题目描述】 洛谷的网页端有很多文件夹，文件夹还套着文件夹。

例如，“/luogu/application/controller”表示根目录下有一个名称为 luogu 的文件夹，这个文件夹下有一个名称 application 的文件夹，其中还有名为 controller 的文件夹。

每个路径的第 1 个字符总是“/”，且没有两个连续的“/”，最后的字符不是“/”。所有名称仅包含数字和小写字母。

目前根目录是空的。西西想好了很多应该有的文件夹路径名。问如果要使这些文件夹都存在，需要新建几个文件夹呢？

输入：第一行为一个正整数 N；接下来 N 行，每行为一个描述路径的字符串，长度均不超过 100。

输出：N 行，每行一个正整数，第 i 行输出若要使第 1 个路径到第 i 个路径存在，最少需要新建多少个文件夹。

说明：对于 20% 的数据，$N \leqslant 20$；对于 50%的数据，$N \leqslant 200$；对于有 30%的数据，有对于所有路径最多存在两个“/”(包含第 1 个字符)；对于 100%的数据，$N \leqslant 1000$。

注：题目出自 https://www.luogu.com.cn/problem/P1738。

样例输入：

```
2
/luogu/application/controller
/luogu/application/view
```

样例输出：

```
3
4
```

算法提示：

文件夹的存储方式本质上是一个树状结构：每个目录对应着一个节点，当访问到某个路径，本质上是从根目录向下一直走到某个节点。

以样例为例，对于路径“/luogu/application/controller”来说，对应着路径上的 3 个文件夹(3 个节点)，分别是“/luogu”“/luogu/application”“/luogu/application/controller”。

对于每个路径，通过字符“/”的位置，找到路径上对应的节点，每个节点用 string 表示。将每个节点对应的 string 直接放入 set，每次求当前 set 的大小即可。

时间复杂度为 $O(m\log m)$，其中 m 为输入字符串的总长度(不超过 $100n$)。

实践园二参考程序：

```
#include<bits/stdc++.h>
using namespace std;
set<string> S;
int n;
int main(){
    cin>>n;
    for(int i=0;i<n;i++){
        string s; cin>>s;
        int len=s.size();
        string t="";
        for(int j=0;j<len;j++){
            t+=s[j];
```

```
            if(j == len - 1||s[j + 1] == '/') S.insert(t);
        }
        cout << S.size()<< endl;
    }
    return 0;
}
```

实践园三：道路修建

【题目描述】 在 W 星球上有 n 个国家。为了各自国家的经济发展，他们决定在各个国家之间建设双向道路使得国家之间连通。但是每个国家的国王都很吝啬，他们只愿意修建恰好 $n-1$ 条双向道路。

每条道路的修建都要付出一定的费用，这个费用等于道路长度乘以道路两端的国家个数之差的绝对值。如图 24.1 所示，虚线所示道路两端分别有 2 个、4 个国家，如果该道路长度为 1，则费用为 $1\times|2-4|=2$。图中圆圈里的数字表示国家的编号。

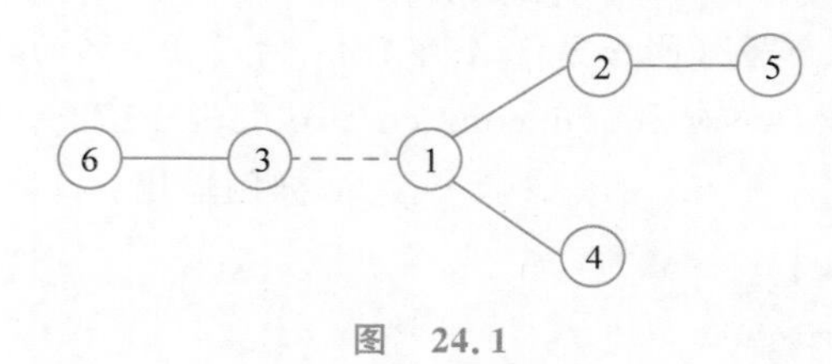

图 24.1

由于国家的数量十分庞大，道路的建造方案有很多种，同时每种方案的修建费用难以用人工计算，国王们决定找人设计一个软件，对于给定的建造方案，计算出所需要的费用。请你帮助国王们设计一个这样的软件。

输入：第一行包含一个整数 n，表示 W 星球上国家的数量，国家从 1 到 n 编号。接下来 $n-1$ 行描述道路建设情况，其中第 i 行包含 3 个整数 a_i、b_i 和 c_i，表示第 i 条双向道路修建在 a_i 与 b_i 两个国家之间，长度为 c_i。

输出：一个整数，表示修建所有道路所需要的总费用。

说明：对于 100% 的数据，$1\leqslant a_i,b_i\leqslant n$，$0\leqslant c_i\leqslant 10^6$，$2\leqslant n\leqslant 10^6$。

注：题目出自 https://www.luogu.com.cn/problem/P2052。

样例输入：

```
6
1 2 1
1 3 1
1 4 2
6 3 1
5 2 1
```

样例输出：

```
20
```

算法提示：

以任意节点为根，做一遍 DFS 求出每棵子树的大小。

对于树中的边(u,v)，其中 u 是 v 的父亲，假设使用数组 size[]记录国家个数，则 v 和 u 两端的国家个数分别为 size[v]和 $n-$size[v]，则它的费用为 val$(u,v)*|2$size$[v]-n|$，其

中，$\mathrm{val}(u,v)$表示道路长度。接下来再对每条边求出费用累积即可。

时间复杂度为$O(n)$。

实践园三参考程序：

```
#include<bits/stdc++.h>
using namespace std;
const int maxn=1e6+5;
typedef long long ll;
struct edge{
    int to,val;
};
vector<edge> G[maxn];
ll ans;
int sz[maxn],n;
void dfs(int u,int fa){
    sz[u]=1;
    for(int i=0;i<G[u].size();i++){
        int v=G[u][i].to;
        if(v==fa) continue;
        dfs(v,u);
        ll cost=(ll)abs(sz[v]*2-n)*G[u][i].val;
        ans+=cost;
        sz[u]+=sz[v];
    }
}
int main(){
    cin>>n;
    for(int i=1;i<n;i++){
        int u,v,w; cin>>u>>v>>w;
        G[u].push_back((edge){v,w});
        G[v].push_back((edge){u,w});
    }
    dfs(1,0);
    cout<<ans<<endl;
    return 0;
}
```

实践园四：魔法装置

【题目描述】 里克在视线可及的范围内发现了一棵古老的神树。神树是一棵树，树上有n个含有魔法装置的位置。经过初步考察，有$n-1$条魔法连接，第$i(1\leqslant i\leqslant n-1)$条连接$u_i$和$v_i(1\leqslant u_i,v_i\leqslant n,u_i\neq v_i)$两个魔法装置。这两个装置可以相互双向地在1单位时间内通行，保证仅由这$n-1$条连接，每个魔法装置都可以相互到达。

此外，有$n-1$条特殊连接，对于每个魔法装置$i\in[2,n]$，可以瞬间传送到第1个魔法装置，花费0单位时间。特殊连接总共只能使用一次。

里克初始在魔法装置1处。现在，给出这棵神树的结构，里克想要在若干时间内研究尽可能多的魔法装置。我们假定，研究一个魔法装置只需要到达该装置处，并且不需要花费额外时间。

里克想尽快计算出，对所有$k\in[1,n]$，如果要恰好研究k个不同的魔法装置，并且随之返回魔法装置1，最少应花费多少时间。

输入：第一行为一个整数 n；接下来 $n-1$ 行，每行两个整数 u_i 和 v_i。

输出：共 n 行，第 i 行一个整数，表示 $k=i$ 时的答案。

注：题目出自 https://www.luogu.com.cn/problem/P9304。

样例输入：

```
5
1 2
1 3
2 4
2 5
```

样例输出：

```
0
1
2
4
6
```

算法提示：

首先考虑如果没有“传送机会”且 k 为 n 的情况，这相当于对整棵树进行 DFS，每条边都要经过两次（进/出各一次），所以答案为 $2(n-1)$（这是因为 n 个节点需要经过 $n-1$ 条边进/出两次）。同样，现在任意选取包含 1 号节点且大小为 k 的连通块，对这个大小为 k 的连通进行 DFS，答案为 $2(k-1)$。

再考虑有“传送机会”且 k 为 n 时的情况，要使传送收益最大化，可以从深度最大的节点 x 直接跳回 1 号节点，以替代 DFS 过程中从 x 沿着树边返回 1 号节点，即减少了等同于“最大深度”的路程。所以答案为 $2(n-1)-\text{dep}$，其中 dep 为树的最大深度。同样，对于任意包含 1 号节点且大小为 k 的连通块，其最大深度为 $\min(k-1,\text{dep})$。由此可知，答案应为 $2(k-1)-\min(k-1,\text{dep})$。

实践园四参考程序：

```
#include<bits/stdc++.h>
using namespace std;
const int maxn = 1e6 + 5;
vector<int> G[maxn];
int n,dep[maxn],mx_dep;
void dfs(int u,int fa){
    for(int i = 0;i < G[u].size();i++){
        int v = G[u][i];
        if(v == fa) continue;
        dep[v] = dep[u] + 1;
        dfs(v,u);
    }
}
int main(){
    cin >> n;
    for(int i = 1;i < n;i++){
        int u,v; cin >> u >> v;
        G[u].push_back(v);
        G[v].push_back(u);
    }
    dep[1] = 0; dfs(1,0);
    mx_dep = 0;
    for(int i = 1;i <= n;i++) mx_dep = max(mx_dep,dep[i]);
    for(int k = 1;k <= n;k++)
      cout << 2 * (k - 1) - min(k - 1,mx_dep) << endl;
    return 0;
}
```

Chapter 5

第5章

并查集

第 25 课　初识并查集

导学牌

(1) 理解并查集的定义及实现。

(2) 掌握并查集两种优化策略：路径压缩和启发式合并(或按秩合并)。

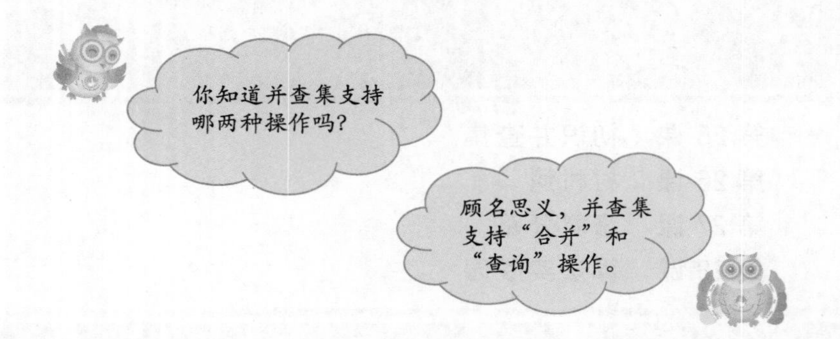

学习坊

1. 并查集的定义

并查集是一种树状的数据结构,用于处理一些不相交集合的“合并”和“查询”问题。并查集支持以下两种操作。

(1) 查询：确定一个元素属于哪个子集。

(2) 合并：将两个集合合并成一个集合。

【例 25.1】　并查集的查询和合并操作,以图 25.1 为例。

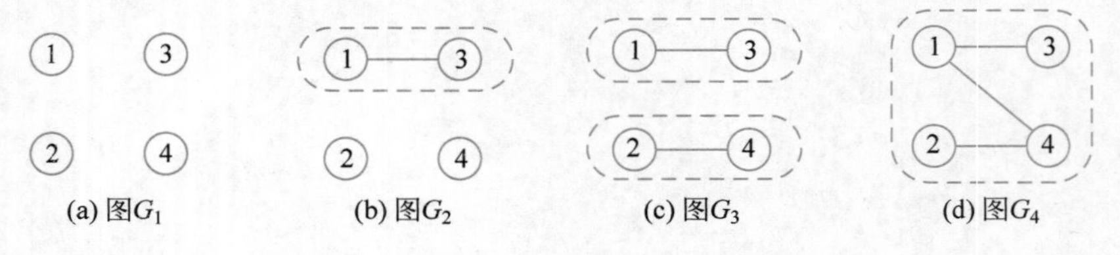

图　25.1

初始时,图 G_1 含有 4 个连通块(或集合),且每个连通块只含有 1 个节点。

第一次操作：在节点 1 到节点 3 之间建立一条边,合并节点 1 和节点 3 所在的连通块,如图 G_2 所示。

第一次询问：节点 2 是否可以到达节点 3,即判断节点 2 和节点 3 是否属于同一连通块。答案是否定的。

第二次操作：在节点 2 到节点 4 之间建立一条边，合并节点 2 和节点 4 所在的连通块，如图 G_3 所示。

第二次询问：节点 2 是否可以到达节点 3。答案仍是否定的。

第三次操作：在节点 1 到节点 4 之间建立一条边，合并节点 1 和节点 4 所在的连通块，如图 G_4 所示。

第三次询问：节点 2 是否可到达节点 3。答案是肯定的，此时，图 G_1 经过 3 次合并操作后，已经更新为一个大的连通块(或大集合)，如图 G_4 所示。

注意：并查集支持合并和查询交替进行，但并查集不支持集合的分离操作。

2. 并查集的实现

并查集的实现，具体步骤如下。

(1) 初始化：初始时，每个元素都是一个独立的集合，每个集合都可以用一个有根树维护：根节点表示集合的编号，树上所有节点对应属于该集合的所有编号。

(2) 合并：合并两个集合时，将其中一棵树的根挂到另一棵树的根上即可。

(3) 查询：查询一个节点所在集合，相当于从该节点一直向上找到它所在的树的根。

【例 25.2】 并查集的实现过程，以图 25.2 所示，其中箭头代表指向父亲节点。

(1) 初始化，每个元素都是一棵有根树，且该元素就是这棵树的根，如图 G_1 所示。

(2) 合并：第一次操作，合并节点 1 和节点 3 所在的两棵树，即将根节点 3 直接挂到根节点 1 上，如图 G_2 所示；第二次操作，合并节点 2 和节点 4 所在的两棵树，即将根节点 4 直接挂到根节点 2 上，如图 G_3 所示；第三次操作，合并节点 2 和节点 3 所在的两棵树，注意，此处并非简单地将节点 2 挂到节点 3 上，而是先找到节点 3 所在树的根节点 1 和节点 2 的根节点(节点 2 所在树的根节点就是自己)，然后将根节点 2 挂到节点 3 所在树的根节点 1 上(或将根节点 1 挂到根节点 2 上)，如图 G_4 所示。

(3) 查询：如图 G_4 所示，询问节点 2 和节点 3 是否在同一棵树上，即从节点 2 向父亲节点跳，直到找到该节点所在树的根节点 1 为止。同样，从节点 3 向父亲节点跳，找到了该节点所在树的根节点 1。此时发现节点 2 和节点 3 的根节点均为 1 号节点，这就意味着节点 2 和节点 3 是处在同一棵树上的。

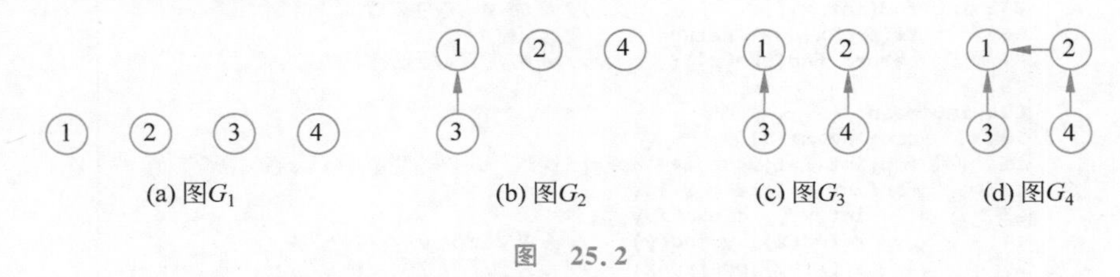

图 25.2

【例 25.3】 若某个家族人员过于庞大，要判断两个人是否是亲戚，确实很不容易，现在给出某个亲戚关系图，求任意给出的两个人是否具有亲戚关系。

规定：x 和 y 是亲戚，y 和 z 是亲戚，那么 x 和 z 也是亲戚。如果 x 和 y 是亲戚，那么 x 的亲戚都是 y 的亲戚，y 的亲戚也都是 x 的亲戚。

输入：第一行为 3 个整数 n、m、p($n,m,p \leqslant 5000$)，分别表示有 n 个人，m 个亲戚关

系，询问 p 对亲戚关系。以下 m 行，每行两个数 M_i 和 M_j，$1 \leqslant M_i, M_j \leqslant n$，表示 M_i 和 M_j 具有亲戚关系。接下来 p 行，每行两个数 P_i 和 P_j，询问 P_i 和 P_j 是否具有亲戚关系。

输出：p 行，每行一个字符串 Yes 或 No。表示第 i 个询问的答案为"具有"或"不具有"亲戚关系。

注：题目出自 https://www.luogu.com.cn/problem/P1551。

样例输入：

```
6 5 3
1 2
1 5
3 4
5 2
1 3
1 4
2 3
5 6
```

样例输出：

```
Yes
Yes
No
```

算法解析：

本题就是一个并查集问题。具体步骤如下。

(1) 初始化：初始时将每个人(每个节点)看成一个单独的集合。

(2) 合并：对于一对(x, y)的关系，表示将 x 和 y 所在的集合合并(如果 x 和 y 已经在同一集合，则无须做此操作)。

(3) 查询：查询两个人(两个节点)是否具有亲戚关系，相当于分别从这两个节点出发一直向上找到其所在树的根节点，如果两个节点的根节点相同，则表示两人具有亲戚关系；否则，不是亲戚关系。

编写程序：

根据以上算法解析，可以编写程序如图 25.3 所示。

```
00 #include<bits/stdc++.h>
01 using namespace std;
02 const int maxn=5005;
03 int pre[maxn];  //pre[x]记录x的父亲节点，如果是根节点，则pre[x]=x
04 int n,m,q;
05 int fnd(int x){                       //查询x所在的集合
06     if(pre[x]==x) return x;           //x为根
07     return fnd(pre[x]);               //递归找到x所在树的根
08 }
09 int main(){
10     cin>>n>>m>>q;
11     for(int i=1;i<=n;i++) pre[i]=i; //初始时每个节点都是根节点
12     for(int i=1;i<=m;i++){
13         int x,y; cin>>x>>y;
14         x=fnd(x); y=fnd(y);   //分别找到x,y所在树的根
15         if(x!=y) pre[y]=x;    //合并，将y的根挂在x的根上
16     }
17     while(q--){
18         int x,y; cin>>x>>y;
19         if(fnd(x)==fnd(y)) cout<<"Yes"<<endl;
20         else cout<<"No"<<endl;
21     }
22     return 0;
23 }
```

图 25.3

运行结果：

```
6 5 3
1 2
1 5
3 4
5 2
1 3
1 4
Yes
2 3
Yes
5 6
No
```

3. 并查集实现的优化策略

1）路径压缩

上述并查集的实现是未经优化的，如图 25.3 中第 5～8 行的 fnd()函数，具体如下。

```
int fnd(int x){                     //查询 x 所在的集合
    if(pre[x] == x) return x;   //x 为根
    return fnd(pre[x]);         //递归找到 x 所在树的根
}
```

由 fnd()函数的实现可知，每当通过递归查询一个节点所在树的根节点时，最坏的情况下需要用去 $O(n)$的时间，这样的实现效率是低下的。以图 25.4(a)所示的链为例，如果在 fnd()函数中查询节点 4 所在树的根节点，它将会依次向上调用 fnd(3)、fnd(2)、fnd(1)，再逐层返回到 fnd(4)，找到根节点为 1 号节点，如果多次查询节点 4 所在树的根节点，那么每一次都需要经历一遍上述的调用过程，这种重复过程必然会导致效率低下。

路径压缩是并查集的优化方法之一：在函数 fnd()中递归找到一个节点 x 所在树的根节点后，逐层返回时直接让路径上的节点都指向根节点。

路径压缩后的 fnd()函数，具体如下。

```
int fnd(int x){                     //查询 x 所在的集合
    if(pre[x] == x) return x;   //x 为根
    pre[x] = fnd(pre[x]);       //直接让路径上的节点都指向根节点
    return pre[x];
}
```

通过路径压缩后的优化：当再次询问节点 x 所在树的根节点时，只需要 $O(1)$的时间，这是由于第 1 次访问时已经让 pre[x]的值指向了根节点，所以提高了算法的运行效率。以图 25.4 为例。经过路径压缩后，由原来的图 G 更新为图 G'。

注意：函数 fnd()的目标就是查询树的根节点，所以可以做如图 25.4 所示的等价变换。

优化策略 1：使用路径压缩算法优化例 25.3，参考程序具体如图 25.5 所示。

2）启发式合并

通常情况下，在合并两棵树时(假设这两棵树的根节点分别为 x 和 y)，既可以让 y 指向 x，也可以让 x 指向 y。

试想一下，如果记录了两棵树的大小，并让较小的树的根指向较大的树的根，这将意味着什么呢？意味着在“爬树”过程中，更少的节点需要额外“爬级”。

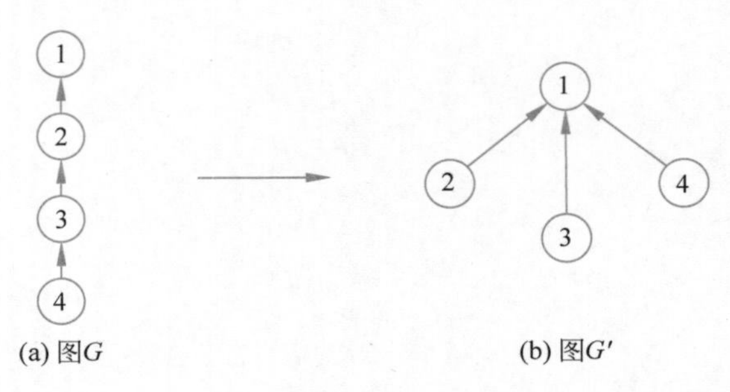

(a) 图G　　(b) 图G'

图　25.4

```
00 #include<bits/stdc++.h>
01 using namespace std;
02 const int maxn=5005;
03 int pre[maxn];//pre[x]记录x的父亲节点,如果是根节点,则pre[x]=x
04 int n,m,q;
05 int fnd(int x){                    //查询x所在的集合
06     if(pre[x]==x) return x;   //x为根
07     pre[x]=fnd(pre[x]);          //直接让路径上的节点都指向根节点
08     return pre[x];
09 }
10 int main(){
11     cin>>n>>m>>q;
12     for(int i=1;i<=n;i++) pre[i]=i; //初始时每个节点都是根节点
13     for(int i=1;i<=m;i++){
14         int x,y; cin>>x>>y;
15         x=fnd(x); y=fnd(y);   //分别找到x,y所在树的根
16         if(x!=y) pre[y]=x;     //合并,将y的根挂在x的根上
17     }
18     while(q--){
19         int x,y; cin>>x>>y;
20         if(fnd(x)==fnd(y)) cout<<"Yes"<<endl;
21         else cout<<"No"<<endl;
22     }
23     return 0;
24 }
```

图　25.5

以图 25.6 为例，将较小的树 T_1 的根连向较大的树 T_2 的根，合并后，当查询子树 T_1 中的节点在（合并后）树 T 中的根点时，需要（比在原树 T_1 中）额外多爬一级到根节点，而查询树 T_2 内的节点在树 T 中的根节点时，同在原树 T_2 中一样。这样的合并方式称为启发式合并，也称按秩合并。

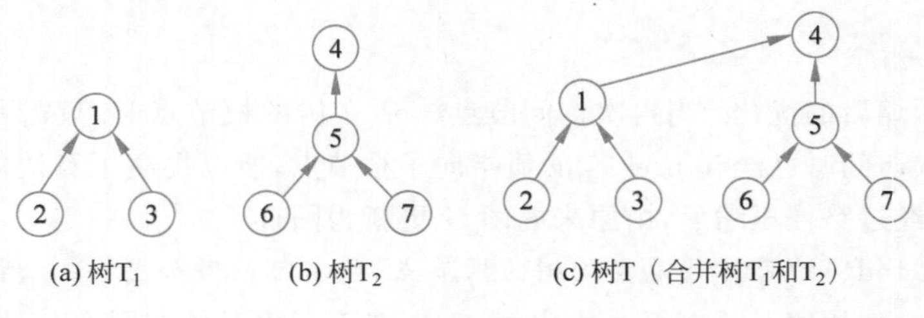

(a) 树T_1　(b) 树T_2　(c) 树T（合并树T_1和T_2）

图　25.6

启发式合并是另一个并查集的优化方法。该算法在合并两个集合时，并不直接将一个节点的父亲节点更新为最终的祖先节点，而是采用一种启发式的方法。启发式合并是由两个集合的大小决定合并的方式，即遵循小树连向大树的原则进行合并，按照这样的方式，每个节点爬到它所在树的根节点，至多需要 $\log n$ 步。

优化策略2：使用启发式合并算法优化例25.3，参考程序具体如图25.7所示。

```
00  #include<bits/stdc++.h>
01  using namespace std;
02  const int maxn=5005;
03  int pre[maxn],sz[maxn];  //sz[x]记录x所在树的大小
04  int n,m,q;
05  int fnd(int x){
06      if(pre[x]==x) return x;
07      return fnd(pre[x]);
08  }
09  int main(){
10      cin>>n>>m>>q;
11      for(int i=1;i<=n;i++) sz[i]=1,pre[i]=i;
12      for(int i=1;i<=m;i++){
13          int x,y; cin>>x>>y;
14          x=fnd(x); y=fnd(y);
15          if(x!=y){
16              if(sz[x]>sz[y]){
17                  pre[y]=x;
18                  sz[x]+=sz[y];
19                  //合并后,更新根节点的大小,即加上另一棵树的大小
20              }else{
21                  pre[x]=y;
22                  sz[y]+=sz[x];
23              }
24          }
25      }
26      while(q--){
27          int x,y; cin>>x>>y;
28          if(fnd(x)==fnd(y)) cout<<"Yes"<<endl;
29          else cout<<"No"<<endl;
30      }
31      return 0;
32  }
```

图 25.7

对于 n 个节点，有 m 次操作或询问的并查集的时间复杂度如下。

(1) 未经任何优化的并查集，其复杂度为 $O(nm)$。

(2) 路径压缩后的并查集，其复杂度为 $O(m\alpha(n))$。其中，$\alpha()$表示反阿克曼函数，一般认为，n 在 10^7 以内时，$\alpha(n)$是常数。

(3) 使用启发式合并(或按秩合并)的并查集，其复杂度为 $O(n\log n)$。

第 26 课　村村通

导学牌

学会使用并查集解决村村通问题。

学习坊

【例 26.1】　村村通。某市调查城镇交通状况，得到现有城镇道路统计表。表中列出了每条道路直接连通的城镇。市政府"村村通工程"的目标是使全市任何两个城镇间都可以实现交通(但不一定有直接的道路相连，只要相互之间可达即可)。请你计算出最少需要建设多少条道路?

输入：包含若干组测试数据，每组测试数据的第一行给出两个用空格隔开的正整数 n 和 m，分别是城镇数目和道路数目；接下来的 m 行对应 m 条道路，每行给出一对用空格隔开的正整数，分别是该条道路直接相连的两个城镇的编号。为简单起见，城镇从 1 到 n 编号。

注意：两个城市间可以有多条道路相通。

在输入数据的最后，为一行一个整数 0，代表测试数据的结尾。

输出：对于每组数据，对应一行一个整数，表示最少还需要建设的道路数目。

说明：对于 100%的数据，保证 $1 \leqslant n < 1000$。

注：题目出自 https://www.luogu.com.cn/problem/P1536。

样例输入：

```
4 2
1 3
4 3
3 3
1 2
```

样例输出：

```
1
0
2
998
```

```
1 3
2 3
5 2
1 2
3 5
999 0
0
```

算法解析：

试想一下，假设目前 n 个城镇 0 条道路，至少需要添加多少道路能使任意两个城镇相互连通？显然，需要 $n-1$ 条道路（当连通块个数为 n 时，答案为 $n-1$）。也就是说，如果当前连通块个数为 k，则答案为 $k-1$。以图 26.1 为例，当前连通块的个数为 3，需要添加两条道路，便能使任意两个城市相互连通。

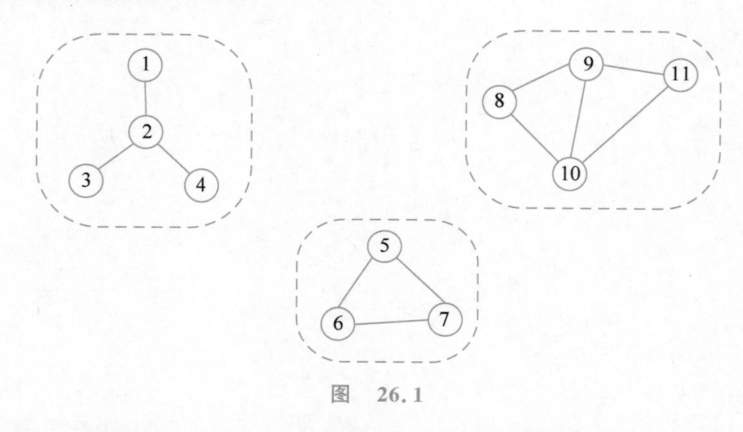

图 26.1

问题转化为求当前连通块的个数。本题可以使用并查集算法加以实现，具体步骤如下。

(1) 用并查集维护连通块的个数，初始时没有边，连通块个数为 n。

(2) 每加入一条边 (u,v)，如果 u 和 v 不属于同一个连通块，则将两个连通块合并，并记录连通块个数减 1。

时间复杂度为 $O(m\alpha(n))$。

编写程序：

根据以上算法解析，可以编写程序如图 26.2 所示。

```
00 #include<bits/stdc++.h>
01 using namespace std;
02 const int maxn=1005;
03 int n,m,pre[maxn];
04 int fnd(int x){
05     if(pre[x]==x) return x;
06     pre[x]=fnd(pre[x]);
07     return pre[x];
08 }
09 int main(){
10     while(1){
11         cin>>n;
12         if(n==0) break;
13         cin>>m;
14         for(int i=1;i<=n;i++) pre[i]=i;
15         int tot=n;
16         for(int i=0;i<m;i++){
```

图 26.2

```
17              int u,v; cin>>u>>v;
18              u=fnd(u);v=fnd(v);
19              if(u!=v){
20                  pre[v]=u;
21                  tot--;
22              }
23          }
24          cout<<tot-1<<endl;
25      }
26      return 0;
27  }
```

图　26.2（续）

运行结果：

```
4 2
1 3
4 3
1
3 3
1 2
1 3
2 3
0
5 2
1 2
3 5
2
999 0
998
0
```

第 27 课 修复公路

导学牌

学会使用并查集解决修复公路问题。

学习坊

【例 27.1】 修复公路。A 地区在地震过后,连接所有村庄的公路都被损坏而无法通车。政府派人修复这些公路。

给出 A 地区的村庄数 N 和公路数 M,公路是双向的,并告诉你每条公路连着哪两个村庄,以及什么时候能修完这条公路。问最早什么时候任意两个村庄能够通车,即最早什么时候任意两条村庄存在至少一条修复完成的道路(可以由多条公路连成一条道路)。

输入:第一行为两个正整数 N 和 M。下面 M 行,每行 3 个正整数 x、y、t,告诉你这条公路连着 x 和 y 两个村庄,在时间 t 时能修复完成这条公路。

输出:如果全部公路修复完毕仍然存在两个村庄无法通车,则输出 −1;否则,输出最早什么时候任意两个村庄能够通车。

说明:对于 100%的数据,$1 \leqslant x, y \leqslant N \leqslant 10^3$,$1 \leqslant M, t \leqslant 10^5$。

注:题目出自 https://www.luogu.com.cn/problem/P1111。

样例输入:

```
4 4
1 2 6
1 3 4
1 4 5
4 2 3
```

样例输出:

```
5
```

算法解析：

本题和第 26 课村村通问题类似，也是相当于在图中选取一些边，使图连通。所以，使用并查集算法实现即可。但注意题目中要求出最早修复公路的时间，也就是要求最小化“时间边权”的最大值。通常将此类问题称为“最小化最大权值”的图论问题。具体步骤如下。

(1) 将时间边权(权值)从小到大排序。

(2) 按照时间边权从小到大将边加入图，直到图连通(用并查集维护连通块个数。当连通块个数为 1 时，说明任意两个村庄都能够通车，即图连通)。

(3) 问题的答案就是最后一次加入的那条边的时间边权。

时间复杂度为 $O(m\log m)$。

以样例为例，初始时有 4 个连通块，代表 4 个村庄，如图 27.1 所示。

(1) 初始时有 4 个连通块，代表 4 个村庄。如图 G_1 所示。

(2) 第一次加入时间为 3 的边，即合并节点 2 和 4 所在的连通块，如图 G_2 所示。

(3) 第二次加入时间为 4 的边，即合并节点 1 和 3 所在的连通块，如图 G_3 所示。

(4) 第三次加入时间为 5 的边，即合并节点 1 和 4 所在的连通块，如图 G_4 所示，此时图已连通，停止加边。时间 5 就是问题的答案。

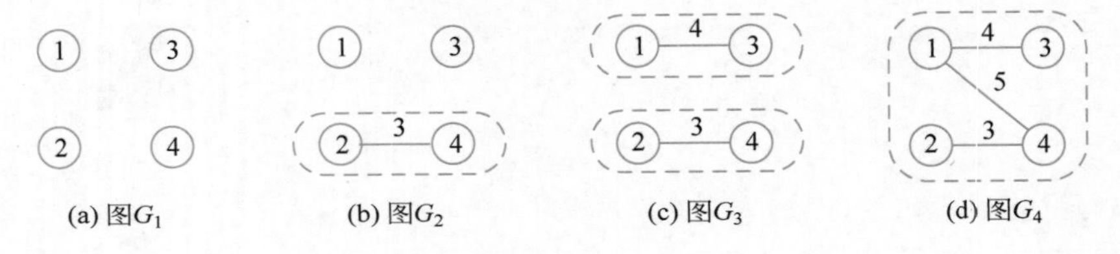

(a) 图G_1 (b) 图G_2 (c) 图G_3 (d) 图G_4

图 27.1

编写程序：

根据以上算法解析，可以编写程序如图 27.2 所示。

```
00 #include<bits/stdc++.h>
01 using namespace std;
02 const int maxn=1e5+5;
03 struct edge{
04     int x,y,t;
05 }a[maxn];
06 bool cmp(edge u,edge v){
07     return u.t<v.t;  //按时间从小到大排序
08 }
09 int n,m,pre[maxn];
10 int fnd(int x){
11     if(pre[x]==x) return x;
12     pre[x]=fnd(pre[x]);
13     return pre[x];
14 }
15 int main(){
16     cin>>n>>m;
17     for(int i=1;i<=m;i++)
18       cin>>a[i].x>>a[i].y>>a[i].t;
19     sort(a+1,a+m+1,cmp);
20     int tot=n;
21     for(int i=1;i<=n;i++) pre[i]=i;
22     if(n==1){
23         cout<<0<<endl;
24         return 0;
25     }
26     for(int i=1;i<=m;i++){
```

图 27.2

```
27          int u=a[i].x, v=a[i].y;
28          u=fnd(u); v=fnd(v);
29          if(u!=v){
30              pre[v]=u;
31              tot--;
32          }
33          if(tot==1){
34              cout<<a[i].t<<endl;
35              break;
36          }
37      }
38      if(tot>1) cout<<-1<<endl;
39      return 0;
40  }
```

图 27.2(续)

运行结果：

```
4 4
1 2 6
1 3 4
1 4 5
4 2 3
5
```

第 28 课　算法实践园

导学牌

掌握并查集的应用。

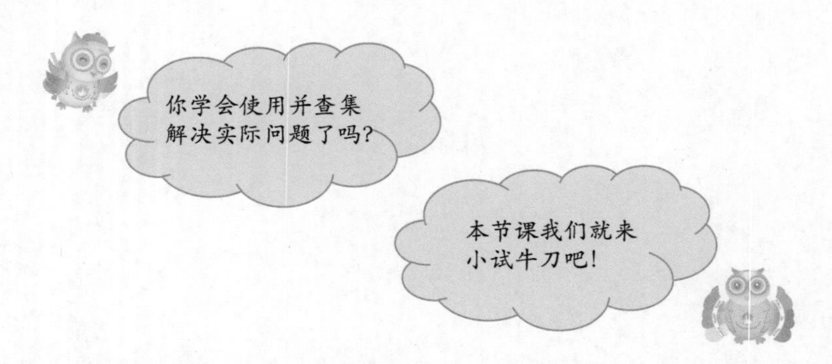

实践园一：并查集模板

【题目描述】 现在有一个并查集，你需要完成合并和查询操作。

输入：第一行包含两个整数 N 和 M，表示共有 N 个元素和 M 个操作。接下来 M 行，每行包含 3 个整数 Z_i、X_i、Y_i。当 $Z_i=1$ 时，将 X_i 与 Y_i 所在的集合合并。当 $Z_i=2$ 时，输出 X_i 与 Y_i 是否在同一集合内，若是，输出 Y；否则，输出 N。

输出：对于每一个 $Z_i=2$ 的操作，都有一行输出，每行包含一个大写字母，为 Y 或者 N。

说明：对于 30%的数据，$N \leqslant 10$，$M \leqslant 20$。对于 70%的数据，$N \leqslant 100$，$M \leqslant 10^3$。对于 100%的数据，$1 \leqslant N \leqslant 10^4$，$1 \leqslant M \leqslant 2 \times 10^5$，$1 \leqslant X_i, Y_i \leqslant N$，$Z_i \in \{1,2\}$。

注：题目出自 https://www.luogu.com.cn/problem/P3367。

样例输入：

```
4 7
2 1 2
1 1 2
2 1 2
1 3 4
2 1 4
1 2 3
2 1 4
```

样例输出：

```
N
Y
N
Y
```

算法提示：

详见第 25 课，此处略。

实践园一参考程序：

```
#include<bits/stdc++.h>
using namespace std;
const int maxn = 1e6 + 10;
int pre[maxn],n,m,q;
int fnd(int x){
    if(pre[x] == x) return x;
    pre[x] = fnd(pre[x]);
    return pre[x];
}
int main(){
    cin >> n >> q;
    for(int i = 1;i <= n;i++) pre[i] = i;
    while(q--){
        int op,x,y; cin >> op >> x >> y;
        if(op == 1){
            x = fnd(x); y = fnd(y);
            if(x!= y) pre[y] = x;
        }else{
            if(fnd(x) == fnd(y)) cout <<"Y"<< endl;
            else cout <<"N"<< endl;
        }
    }
    return 0;
}
```

实践园二：营救

【题目描述】 妈妈下班回家，街坊邻居说小明去了同学家！妈妈丰富的经验告诉她小明到了 t 区，而自己在 s 区。

该市有 m 条大道连接 n 个区，一条大道将两个区相连接，每条大道有一个拥挤度。请你帮小明的妈妈规划一条从 s 区至 t 区的路线，使经过道路的拥挤度最大值最小。

输入：第一行有 4 个用空格隔开的 n、m、s、t。接下来 m 行，每行 3 个整数 u、v、w，表示有一条大道连接区 u 和区 v，且拥挤度为 w。两个区之间可能存在多条大道。

输出：一个整数，代表最大的拥挤度。

说明：对于 30%的数据，保证 $n \leqslant 10$；对于 60%的数据，保证 $n \leqslant 100$；对于 100%的数据，保证 $1 \leqslant n \leqslant 10^4$，$1 \leqslant m \leqslant 2 \times 10^4$，$w \leqslant 10^4$，$1 \leqslant s,t \leqslant n$。且从 s 出发一定能到达 t 区。

注：题目出自 https://www.luogu.com.cn/problem/P1396。

样例输入：

```
3 3 1 3
1 2 2
2 3 1
1 3 3
```

样例输出：

```
2
```

算法提示：

同第 27 课修复公路类似，本题属于"最小化最大权值"的图论问题。对于此类问题通常的解题思路是：首先，将所有边按照边权小到大排序；然后，依次将边加入图。

本题要求找到 s 区到 t 区的路径，即按照边权从小到大将边加入图，直到 s 区和 t 区连通（用并查集维护 s 区和 t 区的连通性）。此时，最后加入的那条边的边权就是答案。

实践园二参考程序：

```
#include<bits/stdc++.h>
using namespace std;
const int maxn = 20005;
int n,m,s,t,pre[maxn];
struct edge{
    int u,v,w;
};
bool cmp(edge a,edge b){
    return a.w<b.w;         //按边权从小到大排序
}
int fnd(int x){
    if(pre[x] == x) return x;
    pre[x] = fnd(pre[x]);
    return pre[x];
}
edge e[maxn];
int main(){
    cin >> n >> m >> s >> t;
    for(int i = 0;i<m;i++)
      cin >> e[i].u >> e[i].v >> e[i].w;
    sort(e,e+m,cmp);
    for(int i = 1;i<= n;i++) pre[i] = i;
    for(int i = 0;i<m;i++){
        int u = fnd(e[i].u), v = fnd(e[i].v);
        if(u!= v) pre[v] = u;
        if(fnd(s) == fnd(t)){
            cout << e[i].w << endl;
            break;
        }
    }
    return 0;
}
```

实践园三：集合

【题目描述】 凯玛给了你所有$[a,b]$范围内的整数。一开始每个整数都属于各自的集合。每次你需要选择两个属于不同集合的整数，如果这两个整数拥有大于等于 p 的公共质因数，那么把它们所在的集合合并。重复以上操作，直到没有可以合并的集合为止。

现在凯玛想知道，最后有多少个集合。

输入：一行，共 3 个整数 a、b、p，用空格隔开。

输出：一个数，表示最终集合的个数。

说明：

(1) 样例解释：对于样例给定的数据，最后有{10,20,12,15,18}、{13}、{14}、{16}、

{17}、{19}、{11}共 7 个集合，所以输出应该为 7。

(2) 数据规模：对于 80% 的数据，$1\leqslant a\leqslant b\leqslant 10^3$；对于 100 的数据，$1\leqslant a\leqslant b\leqslant 10^5$，$2\leqslant p\leqslant b$。

注：题目出自 https://www.luogu.com.cn/problem/P1621。

样例输入：

```
10 20 3
```

样例输出：

```
7
```

算法提示：

首先，枚举所有大于等于 p 的质因数。

然后，将所有$[a,b]$内 p 的倍数都合并，如果 p 的倍数的个数为 x，则只需要 $x-1$ 次合并，总合并次数不超过 $b/2+b/3+b/5+b/7+\cdots<b\log b$（调和级数：$1+1/2+1/3+1/4+1/5+\cdots\approx\log b$）。

最后，统计集合的个数其实就是统计每个集合的根节点，即遍历数组 pre[]，如果有 pre[i]==i（每个集合的根节点），则记录集合的个数加 1。

时间复杂度为 $O(n\log n)$。

实践园三参考程序：

```
#include<bits/stdc++.h>
using namespace std;
const int maxn = 1e5 + 5;
int n,a,b,p,pre[maxn];
int fnd(int x){
    if(pre[x] == x) return x;
    pre[x] = fnd(pre[x]);
    return pre[x];
}
void _union(int x,int y){
    x = fnd(x), y = fnd(y);
    if(x!= y) pre[y] = x;
}
bool isprime(int x){
    for(int i = 2;i * i <= x;i++) if(x % i == 0) return 0;
    return 1;
}
int main(){
    cin >> a >> b >> p;
    for(int i = a;i <= b;i++) pre[i] = i;
    for(int x = p;x <= b;x++) if(isprime(x)){
        for(int i = b/x;i > 1;i--){          //把[1,b]内所有 x 的倍数合并,x,2x,3x...[b/x]x
            if((i-1) * x >= a) _union((i-1) * x,i * x);        //合并 i * x,(i-1) * x
        }
    }
    int ans = 0;
    for(int i = a;i <= b;i++) if(pre[i] == i) ans++;
    cout << ans << endl;
    return 0;
}
```

实践园四：团伙

【题目描述】 现在有 n 个人，他们之间有两种关系：朋友和敌人。已知：①一个人的朋友的朋友是朋友；②一个人的敌人的敌人是朋友。

现在要对这些人进行组团。两个人在一个团体内当且仅当这两个人是朋友。请求出这些人中最多可能有的团体数。

输入：第一行输入一个整数 n 代表人数。第二行输入一个整数 m 表示接下来要列出 m 种关系。接下来 m 行，每行一个字符 opt 和两个整数 p、q，分别代表关系（朋友或敌人），有关系的两个人之中的第一个人和第二个人。其中 opt 有两种可能：

如果 opt 为 F，则表明 p 和 q 是朋友。

如果 opt 为 E，则表明 p 和 q 是敌人。

输出：一行，一个整数代表最多的团体数。

注：题目出自 https://www.luogu.com.cn/problem/P1892。

样例输入：

```
6
4
E 1 4
F 3 5
F 4 6
E 1 2
```

样例输出：

```
3
```

算法提示：

根据题意，用并查集处理所有的朋友关系，将所有是朋友关系的人合并成一个集合。

因此，本题的关键在于处理“敌人的敌人是朋友”这层关系。这类问题通常用到的思想是创建“虚点”，具体如下。

对于编号为 i 的人，虚拟创建一个编号为 $i+n$ 的人，并约定 i 和 $i+n$ 是敌人关系，由于题目中要求“敌人的敌人是朋友”，则有：如果给定 (i,j) 是敌人关系，则 $(i,j+n)$ 是朋友关系，$(i+n,j)$ 也是朋友关系。

最后使用并查集，求出编号为 1 至 n 的人属于多少个不同的集合即可。

时间复杂度为 $O(m\alpha(n))$。

实践园四参考程序：

```
#include<bits/stdc++.h>
using namespace std;
const int maxn = 2005;              //大小为 2 * n,因为创建了虚点
int n,m,pre[maxn];
bool vis[maxn];
int fnd(int x){
    if(pre[x] == x) return x;
    pre[x] = fnd(pre[x]);
    return pre[x];
}
void _union(int u,int v){           //当需要多次合并时,可以定义一个合并函数
    u = fnd(u); v = fnd(v);
```

```
    pre[v] = u;
}
int main(){
    cin >> n >> m;
    for(int i = 1;i <= n * 2;i++) pre[i] = i;
    for(int i = 0;i < m;i++){
        string s;
        int u,v;
        cin >> s >> u >> v;
        if(s[0] == 'F') _union(u,v);
        else{
            _union(u + n,v);
            _union(u,v + n);
        }
    }
    int ans = 0;
    for(int i = 1;i <= n;i++){
        int x = fnd(i);
        if(!vis[x]) vis[x] = 1,ans++;
    }
    cout << ans << endl;
    return 0;
}
```

Chapter 6

第6章

最小生成树

第 29 课　初识最小生成树

导学牌

(1) 理解生成树和最小生成树的含义。

(2) 掌握求解最小生成树问题的两种经典算法：普里姆(Prim)算法和克鲁斯卡尔(Kruskal)算法。

学习坊

1. 生成树

给定一个无向连通图 $G=(V,E)$(其中 V 表示点集，E 表示边集)，在边集 E 中选择一些边(或者删去其他的边)，使得生成的图构成一棵树，将点集 V 中的所有点连通。所得到的树就是无向图 G 的一个生成树(spanning tree)。

【例 29.1】　对图 29.1 来说，图 G_1 和 G_2 都是图 G 的生成树，而图 G_3 不是图 G 的生成树。

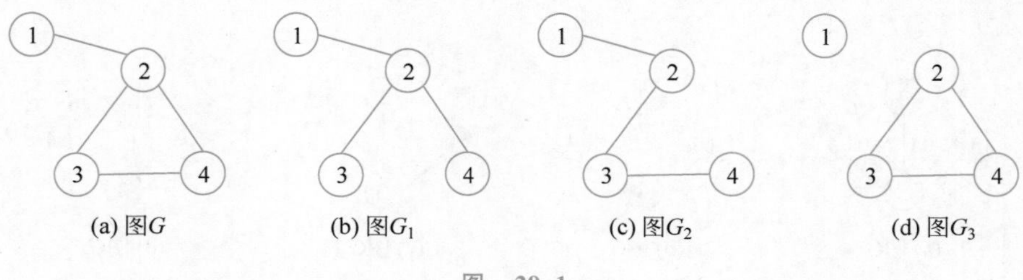

图　29.1

生成树的性质：对于连通的无向图，它必然有生成树(如果图不是连通图，则不存在生成树)。

2. 最小生成树

在一个带边权的无向连通图 $G=(V,E)$ 中，找到一棵生成树，使得所有树边上的权值之和达到最小，则这棵生成树就是图 G 的最小生成树（minimum spanning tree，MST）。

【例 29.2】 对图 29.2 来说，带权图 G 有 3 棵生成树，分别是图 G_1、G_2 和图 G_3，其中图 G_2 是图 G 的最小生成树，其权值总和为 $5+2+1=8$。

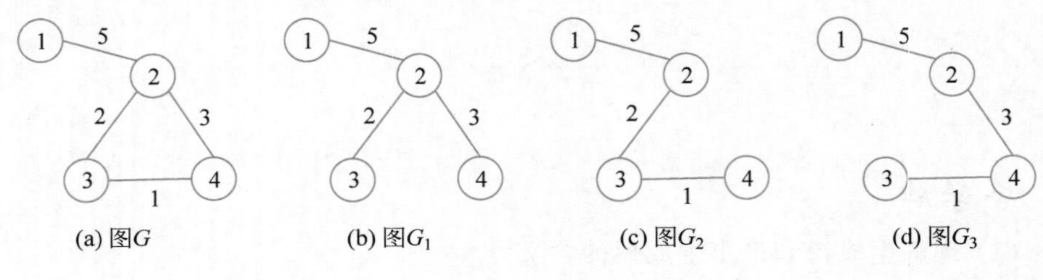

图 29.2

常用的最小生成树算法包括普里姆（Prim）算法和克鲁斯卡尔（Kruskal）算法两种。

3. 普里姆算法

普里姆算法是一种贪心算法，其基本思路是：从一个起始节点出发，不断地（从当前连通块之外）选取与当前连通块距离最近的节点，并将该节点加入到当前连通块，直到所有点连通。

【例 29.3】 根据普里姆的算法思路，求出给定连通无向图的最小生成树。

输入：第一行包含两个整数 N、M，表示该图共有 N 个节点和 M 条无向边。接下来 M 行，每行包含 3 个整数 X_i、Y_i、Z_i，表示有一条边的两个端点 X_i 和 Y_i 及其边权值 Z_i。

输出：一个整数，表示最小生成树的边权之和。

说明：对于 100% 的数据：$1 \leqslant N \leqslant 500$，$1 \leqslant M$，$Z_i \leqslant 1000$。

样例输入：

```
4 5
1 2 5
1 3 3
2 3 1
2 4 6
3 4 8
```

样例输出：

```
10
```

算法解析：

根据普里姆算法的思想，以图 29.3 的图 G 为例，求出图 G 的最小生成树的图示过程具体如下。

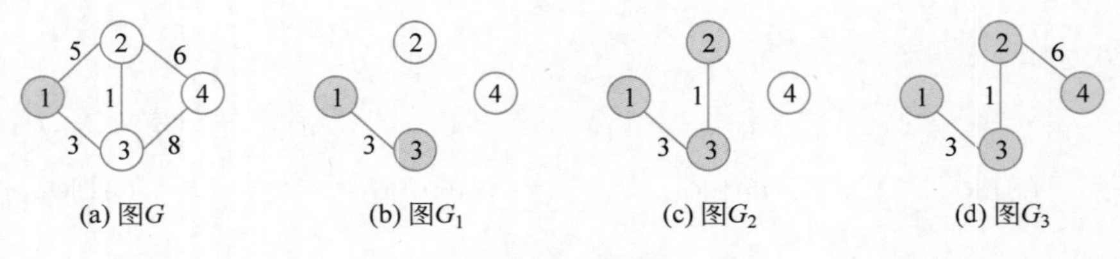

图 29.3

(1) 从 1 号节点出发（当前连通块为节点{1}），选取与 1 号节点最近的（边权最小的）3 号节点（当前连通块更新为节点{1,3}），如图 G_1 所示，边权为 3。

(2) 选取与当前连通块最近的 2 号节点（当前连通块更新为节点{1,3,2}），如图 G_2 所示，边权之和为 3+1=4。

(3) 选取与当前连通块最近的 4 号节点（当前连通块更新为节点{1,3,2,4}），如图 G_3 所示，边权之和为 3+1+6=10。

(4) 此时，图中所有点已连通，停止加入节点。图 G_3 就是图 G 的最小生成树，其边权之和为 10。

普里姆算法的具体实现步骤如下。

(1) 用 $d(i,j)$ 表示图中 i 到 j 的距离（若 i 和 j 之间没有边，则 $d(i,j)=\infty$）。

(2) 选取 1 号节点为连通块的初始节点，用数组 vis[i]记录节点是否在连通块内。

(3) 用数组 dis[i]记录连通块外的节点到连通块内节点的最近距离，初始时 dis[i]=$d(1,i)$。

(4) 在所有连通块外的节点中，选择 dis 值最小的点 p，将 p 加入连通块，更新所有连通块外节点的距离，即 dis[i]=min(dis[i]，$d(p,i)$)。

(5) 重复上述步骤，直到所有节点都加入连通块。

普里姆算法的时间和空间复杂度均为 $O(n^2)$。

编写程序：

根据以上算法解析，可以编写程序如图 29.4 所示。

```
00  #include<bits/stdc++.h>
01  using namespace std;
02  bool vis[505];
03  int a[505][505],n,m,dis[505],ans;
04  int main(){
05      cin>>n>>m;
06      for(int i=1;i<=n;i++)
07        for(int j=1;j<=n;j++)
08          a[i][j]=1e9;  //初始时没有边,所有距离都设置为无穷
09      for(int i=0;i<m;i++){
10          int u,v,w; cin>>u>>v>>w;
11          a[u][v]=a[v][u]=w;
12      }
13      vis[1]=1; for(int i=2;i<=n;i++) dis[i]=a[1][i];
14      for(int i=1;i<n;i++){
15          int p=-1;
16          for(int j=1;j<=n;j++) if(!vis[j]){
17              if(p==-1||dis[j]<dis[p]) p=j;
18              //找到距离当前连通块最近的点p
19          }
20          ans+=dis[p]; vis[p]=1;
21          for(int j=1;j<=n;j++)
22            dis[j]=min(dis[j],a[p][j]);
23              //更新所有点到当前连通块的距离
24      }
25      cout<<ans<<endl;
26      return 0;
27  }
```

图 29.4

运行结果：

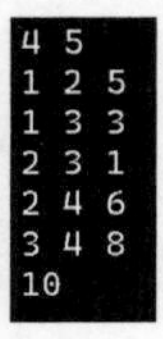

4. 克鲁斯卡尔算法

克鲁斯卡尔算法是另外一种求解最小生成树问题的算法，通常情况下，它的效率比普里姆算法更高。

克鲁斯卡尔算法也是一种贪心算法，其基本思路是：按照边的权值从小到大的顺序逐一加边，直到图连通。在加边过程中，为避免"加入一条新的边后，图中出现了环"的情况发生，可以使用并查集解决此类问题。即使用并查集维护每个节点所在的连通块，每次加入一条边(假设这条边的两个端点分别为 x 和 y)，如果 x 和 y 已经在同一个连通块内，则不加入这条边；否则，加入并合并 x 和 y 所在的连通块。

克鲁斯卡尔算法的时间复杂度为 $O(m\log m)$，其中 m 为边数。

【例 29.4】 最小生成树。给出一个无向图，求出最小生成树，如果该图不连通，则输出 orz。

输入：第一行包含两个整数 N、M，表示该图共有 N 个节点和 M 条无向边。接下来 M 行每行包含 3 个整数 X_i、Y_i、Z_i，表示有一条长度为 Z_i 的无向边连接节点 X_i、Y_i。

输出：如果该图连通，则输出一个整数表示最小生成树的各边的长度之和。如果该图不连通则输出 orz。

说明：对于 20% 的数据，$N\leqslant 5$，$M\leqslant 20$；对于 40% 的数据，$N\leqslant 50$，$M\leqslant 2500$；对于 70% 的数据，$N\leqslant 500$，$M\leqslant 10^4$；对于 100% 的数据，$1\leqslant N\leqslant 5000$，$1\leqslant M\leqslant 2\times 10^5$，$1\leqslant Zi\leqslant 10^4$。

注：题目出自 https://www.luogu.com.cn/problem/P3366。

样例输入：

```
4 5
1 2 2
1 3 2
1 4 3
2 3 4
3 4 3
```

样例输出：

```
7
```

算法解析：

本题是一道最小生成树模板题，使用克鲁斯卡尔算法实现。

根据克鲁斯卡尔算法的思想，以图 29.5 的图 G(样例)为例，求出图 G 的最小生成树的图示过程具体如下。

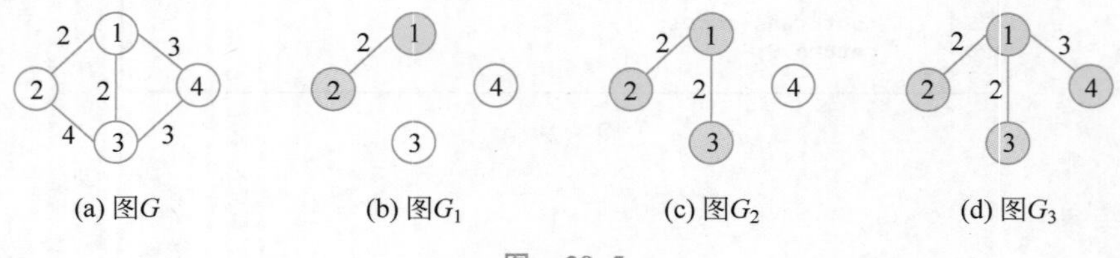

图 29.5

(1) 优先选取权值(若权值相等，按读入顺序选取)最小的边(1,2)加入图中，如图 G_1 所示，边权为 2。

(2) 继续选取(未被选过的)权值最小的边(1,3)加入图中，如图 G_2 所示，边权之和为 2+2=4。

(3) 选取权值最小的边(1,4)加入图中,如图 G_3 所示,边权之和为 2+2+3=7。

(4) 此时图已连通,停止加边。图 G_3 就是图 G 的一个最小生成树(不唯一),其边权之和为 7。

克鲁斯卡尔算法的具体实现步骤如下。

(1) 使用结构体存放边的两个端点及其权值,并将边按照权值从小到大排序。

(2) 每次优先选取权值最小的边加入图中并记录该边的权值,在加边过程中若出现环(用并查集判断是否存在环),则跳过此边继续加入下一条边,直到图连通为止。

(3) 判断边的数量是否为 $n-1$(n 为点数),如果是,输出最小生成树上的边权之和;否则,输出 orz。

克鲁斯卡尔算法的时间复杂度为 $O(m\log m)$。

编写程序:

根据以上算法解析,可以编写程序如图 29.6 所示。

```
00 #include<bits/stdc++.h>
01 using namespace std;
02 typedef long long ll;
03 const int maxn=1e6+10;
04 int ans,n,m,pre[maxn];
05 struct edge{
06     int x,y,val;
07 }e[maxn];
08 bool cmp(edge u,edge v){
09     return u.val<v.val;
10 }
11 int fnd(int x){
12     if(pre[x]==x) return x;
13     pre[x]=fnd(pre[x]);
14     return pre[x];
15 }
16 int main(){
17     cin>>n>>m;
18     for(int i=0;i<m;i++)
19       cin>>e[i].x>>e[i].y>>e[i].val;
20     sort(e,e+m,cmp);
21     for(int i=1;i<=n;i++) pre[i]=i;
22     int tot=0;
23     for(int i=0;i<m;i++){
24         int x=e[i].x, y=e[i].y;
25         x=fnd(x); y=fnd(y);
26         if(x!=y){
27             pre[y]=x;
28             ans+=e[i].val;
29             tot++;
30         }
31     }
32     if(tot<n-1) cout<<"orz"<<endl;
33     else cout<<ans<<endl;
34     return 0;
35 }
```

图 29.6

运行结果:

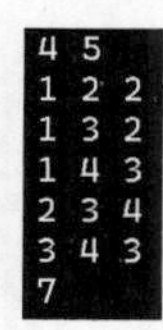

普里姆算法和克鲁斯卡尔算法都是用于在连通图中找到最小生成树的经典算法,它们各有优点。一般来说,由于普里姆算法的时间复杂度为 $O(n^2)$,其中 n 代表点数,因此它更适合(边数 m 达到点数平方 n^2 级别的)稠密图;而克鲁斯卡尔算法的时间复杂度为 $O(m\log m)$,其中 m 代表边数,因此它更适合(边数相对较少的)稀疏图。当然,最终选择哪种算法解决问题,还要取决于具体应用和实际需求。

第 30 课　买　礼　物

导学牌

学会使用最小生成树算法解决实际问题。

学习坊

【例 30.1】 买礼物。明明的生日到了,他想买 B 样东西,巧的是,这 B 样东西价格都是 A 元。但是,商店老板说最近有促销活动:如果你买了第 I 样东西,再买第 J 样,那么就可以只花 $K_{I,J}$ 元,更巧的是 $K_{I,J}$ 竟然等于 $K_{J,I}$。现在明明想知道,他最少要花多少钱。

输入:第一行为两个整数 A 和 B。接下来 B 行,每行 B 个数,第 I 行第 J 个为 $K_{I,J}$。保证 $K_{I,J}=K_{J,I}$ 且 $K_{I,I}=0$。如果 $K_{I,J}=0$,那么表示这两样东西之间不会导致优惠。注意,$K_{I,J}$ 可能大于 A。

输出:一个整数,为要花的最少的钱数。

说明:

(1) 样例解释:先买第 2 样,花费 3 元,接下来因为优惠,买第 1、3 样都只要 2 元,共 7 元。

(2) 数据范围:对于 30%的数据,$1\leqslant B\leqslant 10$;对于 100%的数据,$1\leqslant B\leqslant 5000\leqslant A$,$K_{I,J}\leqslant 1000$。

注:题目出自 https://www.luogu.com.cn/problem/P1194。

样例输入:

```
3 3
0 2 4
2 0 2
4 2 0
```

样例输出:

```
7
```

算法解析：

本题可以将所需购买的物品看作节点，促销活动看作边，也就是说，如果两个物品(节点)之间有优惠，则建立一条边。这是一道求解最小生成树问题。此处使用普里姆算法加以实现。以样例为例，转化成如表 30.1 所示的表格。

表 30.1

i	j			
	0	1	2	3
0	∞	3	3	3
1	3	∞	2	4
2	3	2	∞	2
3	3	4	2	∞

注意：购买第 1 件物品是没有优惠的，因此(表 30.1)初始时需花去 3 元购买第一件物品，建图时可以从 0 号节点开始，如图 30.1 的图 G 所示。

根据普里姆算法的思想，以样例为例建立如图 30.1 图 G 所示的图，求出图 G 的最小生成树的图示过程具体如下。

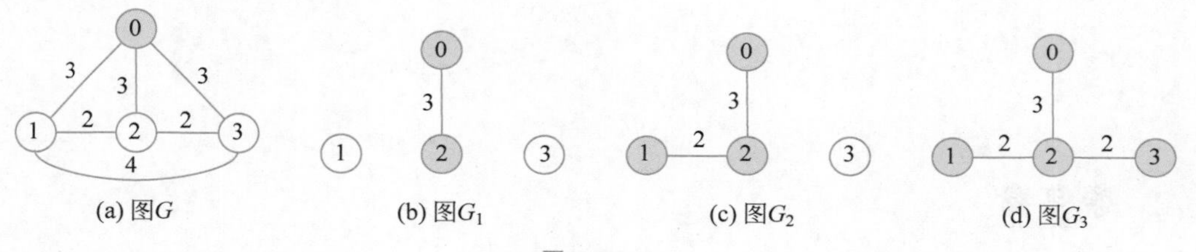

(a) 图G　(b) 图G_1　(c) 图G_2　(d) 图G_3

图 30.1

注意：最小生成树并不唯一，图 30.1 所示过程对应的是本题中样例解释。

普里姆算法的具体实现步骤，详见例 29.3 的算法解析，此处略。

编写程序：

根据以上算法解析，可以编写程序如图 30.2 所示。

```
00 #include<bits/stdc++.h>
01 using namespace std;
02 bool vis[505];
03 int a[505][505],n,dis[505],ans,A;
04 int main(){
05     cin>>A>>n;
06     for(int i=1;i<=n;i++) a[0][i]=a[i][0]=A;
07     for(int i=1;i<=n;i++)
08         for(int j=1;j<=n;j++){
09             cin>>a[i][j];
10             if(a[i][j]==0) a[i][j]=1e9;
11         }
12     vis[0]=1; for(int i=1;i<=n;i++) dis[i]=a[0][i];
13     for(int i=1;i<=n;i++){
14         int p=-1;
15         for(int j=1;j<=n;j++) if(!vis[j]){
16             if(p==-1||dis[j]<dis[p]) p=j;
17         }
18         ans+=dis[p]; vis[p]=1;
19         for(int j=1;j<=n;j++) dis[j]=min(dis[j],a[p][j]);
20     }
21     cout<<ans<<endl;
22     return 0;
23 }
```

图 30.2

运行结果：

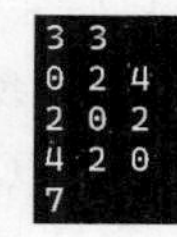

第31课　兽径管理

导学牌

学会使用最小生成树算法解决实际问题。

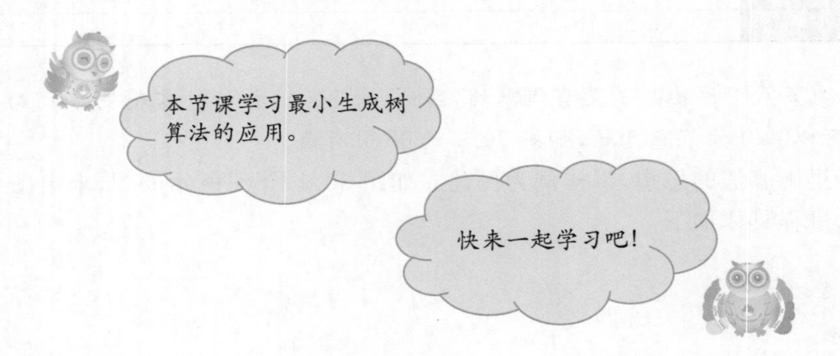

学习坊

【例31.1】　兽径管理。约翰农场的牛群希望能够在 N 个草地之间任意移动。草地的编号由1到 N。草地之间有树林隔开。牛群希望能够选择草地间的路径，使牛群能够从任一草地移动到另外的任一草地。牛群可在路径上双向通行。

牛群并不能创造路径，但是它们会保有及利用已经发现的野兽所走出来的路径（以下简称兽径）。每星期它们会选择并管理一些或全部已知的兽径当作通路。

牛群每星期初会发现一条新的兽径。它们接着必须决定管理哪些兽径来组成该周牛群移动的通路，使牛群得以从任一草地移动到另外的任一草地。牛群只能使用当周有被管理的兽径作为通路。

牛群希望它们管理的兽径长度和为最小。牛群可以从所有它们知道的所有兽径中挑选出一些来管理。牛群可以挑选的兽径与其之前是否曾被管理无关。

兽径绝不会是直线，因此连接两片草地之间的不同兽径长度可以不同。此外虽然两条兽径或许会相交，但牛群非常专注，除非交点是在草地内，否则不会在交点换到另外一条兽径上。

在每周开始的时候，牛群会描述它们新发现的兽径。如果可能，请找出可从任一草地通达另一草地的一组需管理的兽径，使其兽径长度和最小。

输入：第一行包含两个用空格分开的整数 N 和 W。W 代表你的程序需要处理的周数。接下来每处理一周，读入一行数据，代表该周新发现的兽径，由3个以空格分开的整数分别代表该兽径的两个端点（两片草地的编号）与该兽径的长度。一条兽径的两个端点一定不同。

输出：每次读入新发现的兽径后，你的程序必须立刻输出一组兽径的长度和，此组兽径可从任一草地通达另一草地，并使兽径长度和最小。如果不能找到一组可从任一草地通达另一草地的兽径，则输出－1。

说明：

(1) 样例解释：第1周时4号草地不能与其他草地连通，输出－1；第2周时4号草地不能与其他草地连通，输出－1；第3周时4号草地不能与其他草地连通，输出－1；第4周时可以选择兽径(1,4,3)、(1,3,8)和(3,2,3)；第5周时可以选择兽径(1,4,3)、(1,3,6)和(3,2,3)；第6周时可以选择兽径(1,4,3)、(2,1,2)和(3,2,3)。

(2) 数据范围：对于100%的数据，$1 \leqslant N \leqslant 200$，$1 \leqslant W \leqslant 6000$，兽径的长度不超过$10^4$且为正整数。

注：题目出自 https://www.luogu.com.cn/problem/P1340。

样例输入：

```
4 6
1 2 10
1 3 8
3 2 3
1 4 3
1 3 6
2 1 2
```

样例输出：

```
-1
-1
-1
14
12
8
```

算法解析：

本题是一道求解最小生成树问题，即对于第 i 周，求出前 i 条边的最小生成树。此处使用克鲁斯卡尔算法加以实现。由于 W 范围较小，因此可以枚举 i，分别求出最小生成树。

时间复杂度 $O(W^2\log W)$。以样例为例，建立如图31.1所示的图。

由题意可知，本题并非直接求图31.1的最小生成树，而是依次求解前 i 周的最小生成树，图示过程如图31.2所示。

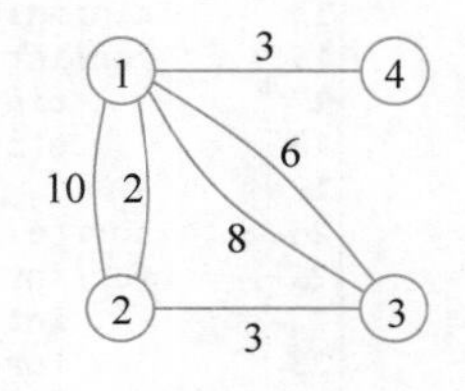

图 31.1

(1) 第1周，图不连通，输出－1，如图 G_1 所示。

(2) 第2周，图不连通，输出－1，如图 G_2 所示。

(3) 第3周，图不连通，输出－1，如图 G_3 所示。

(4) 第4周，图已连通，根据克鲁斯卡尔算法，首先按边权从小到大排序，然后可以选边(兽径)(1,4,3)、(1,3,8)和(3,2,3)，最后求出最小生成树的边权之和(兽径长度和)最小为3＋8＋3＝14。

(5) 第5周，根据克鲁斯卡尔算法，首先按(更新后的)边权从小到大排序，然后可以选边(1,4,3)、(1,3,6)和(3,2,3)，最后求出最小生成树的边权之和最小为3＋6＋3＝12。

(6) 第6周，根据克鲁斯卡尔算法，继续按(更新后的)边权从小到大排序，然后可以选边(1,4,3)、(2,1,2)和(3,2,3)，最后求出最小生成树的边权之和最小为3＋2＋3＝8。

克鲁斯卡尔算法的具体实现步骤，详见例29.4的算法解析，此处略。

注意：克鲁斯卡尔算法的复杂度中的 $\log W$ 来源于将所有边排序。在本题中，其实并不需要每次都对更新后的所有边重新排序。而是首次将所有边按边权从小到大排序时，记录其下标id。然后在枚举 i 时，只处理所有id小于 i 的边即可。

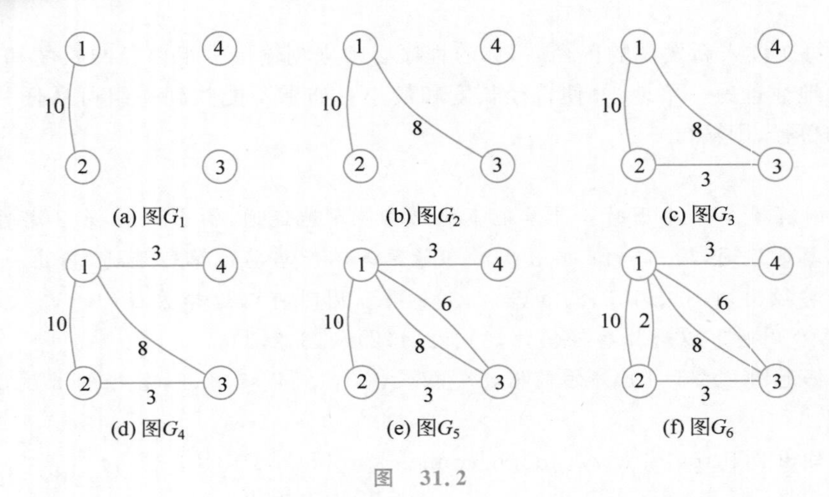

图 31.2

编写程序：

根据以上算法解析，可以编写程序如图 31.3 所示。

```
00 #include<bits/stdc++.h>
01 using namespace std;
02 const int maxn=6005;
03 int pre[maxn],n,m;
04 struct edge{
05     int u,v,val,id;
06 }e[maxn];
07 bool cmp(edge x,edge y){
08     return x.val<y.val;
09 }
10 int fnd(int x){
11     if(pre[x]==x) return x;
12     return pre[x]=fnd(pre[x]);
13 }
14 int main(){
15     cin>>n>>m;
16     for(int i=1;i<=m;i++){
17         cin>>e[i].u>>e[i].v>>e[i].val;
18         e[i].id=i;
19     }
20     sort(e+1,e+m+1,cmp);
21     for(int i=1;i<=m;i++){
22         int sum=0, cnt=n;
23         for(int j=1;j<=n;j++) pre[j]=j;
24         for(int j=1;j<=m;j++) if(e[j].id<=i){
25             int u=e[j].u,v=e[j].v;
26             u=fnd(u); v=fnd(v);
27             if(u!=v){
28                 sum+=e[j].val; cnt--;
29                 pre[v]=u;
30             }
31         }
32         if(cnt==1) cout<<sum<<endl;
33         else cout<<-1<<endl;
34     }
35     return 0;
36 }
```

图 31.3

运行结果：

```
4 6
1 2 10
1 3 8
3 2 3
1 4 3
1 3 6
2 1 2
-1
-1
-1
14
12
8
```

第 32 课　算法实践园

导学牌

掌握最小生成树问题的应用。

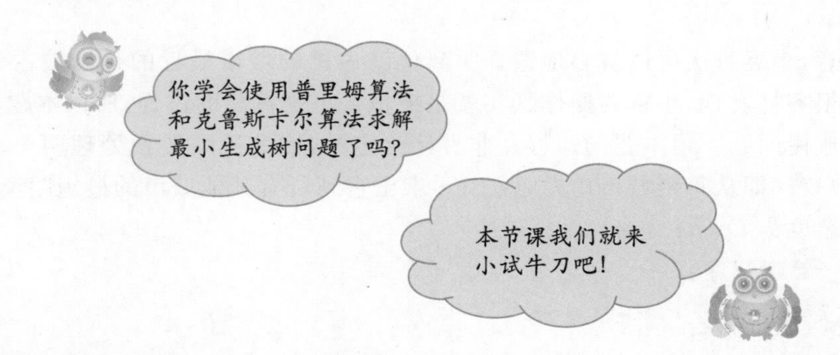

实践园一：军事行动

【题目描述】 喵星边境局势越发紧张，导致发生边境冲突。喵星军队总司令小袁立即对 Y 星采取军事行动。整个宇宙可以看作一个平面直角坐标系，城市 $1,2,\cdots,n$ 的坐标分别为 $(x_1,y_1),(x_2,y_2),\cdots,(x_n,y_n)$。现在小袁率领的若干支舰队(可以理解为小袁的军事力量是无限的)驻扎在边境要塞——城市 1 处。他的舰队会进行以下移动。

如果舰队的坐标为 (x,y)，那么一天之后它可以移动到 $(x-1,y+2)$ 或 $(x+1,y+2)$ 或 $(x+2,y+1)$ 或 $(x-2,y+1)$ 或 $(x-1,y-2)$ 或 $(x+1,y-2)$ 或 $(x+2,y-1)$ 处。

其中环绕在外的还有一条小行星带，当舰队的坐标 (x,y) 满足 $x\leqslant 0$ 或 $y\leqslant 0$ 或 $m<x$ 或 $m<y$ 时，舰队就会撞到小行星带。这是小袁所不想看到的。

现在小袁要攻打城市 $2,3,\cdots,n$，每一次他都会从一个已经占领的城市(城市 1 也算)，派出舰队前往城市 i 并攻打它，舰队到达之后的第二天城市 i 就被攻占了。

特别的，小袁在一个舰队前往攻打或攻打一个城市的时候，不会派出另外一支舰队，在攻占一座城市后当天可以立即派出另外一支舰队。

小袁想问最少要花多少时间才能攻占所有的城市。攻打顺序可以不按照 $1,2,3,\cdots,n$ 的顺序。

输入：第一行，两个整数 n,m，表示城市个数和小行星带的范围。接下来 n 行，每一行两个正整数 (x_i,y_i)，表示城市 i 的坐标。保证 $1\leqslant x_i,y_i\leqslant m$。

输出：一个整数，表示最少要花的时间。

说明：

(1) 数据范围：对于 100%的数据，$1\leqslant n\leqslant 2000$，$1\leqslant m\leqslant 150$。数据严格保证不会有不

同的城市拥有相同的坐标。

(2) 样例解释：舰队在第一天到达了城市 2 的位置，第二天占领了城市 2，第三天到达了城市 3 的位置，第四天占领了城市 3。总共花了 4 天。

注：题目出自 https://www.luogu.com.cn/problem/P9709。

样例输入：

```
4 150
1 2
2 4
4 3
```

样例输出：

```
4
```

算法提示：

根据题意，小袁每次可以贪心地选择距离他已占领的城市最近的且未被占领的城市进行攻占。这很容易发现，小袁的操作其实就是模拟普里姆算法的过程，所以本题实质上就是求解最小生成树问题。但本题的边权并非直接给定的，因此还需要预处理两个城市之间的距离，求出边权。即从每个城市出发，做 BFS 求出它到所有其他城市的最短距离。

时间复杂度为 $O(nm^2+n^2)$。

实践园一参考程序：

```
#include <bits/stdc++.h>
using namespace std;
typedef pair<int,int> pi;
int dx[8] = {1,1,2,2,-1,-1,-2,-2};
int dy[8] = {-2,2,-1,1,-2,2,-1,1};
int dis[155][155];              //表示第 i 个城市到棋盘上每个点的距离
int G[2005][2005];              //表示 n 个城市中任意两个城市的距离
int D[2005];                    //表示当前已占领的城市集合到其他城市的最小距离
int n,m,x[2005],y[2005];
bool vis[2005];                 //哪些点在集合中
int main(){
    cin >> n >> m;
    for(int i = 1;i <= n;i++) cin >> x[i]>> y[i];
    for(int i = 1;i <= n;i++){
        memset(dis,-1,sizeof(dis));
        dis[x[i]][y[i]] = 0;
        queue<pi> Q; Q.push((pi){x[i],y[i]});
        while(!Q.empty()){
            pi tmp = Q.front(); Q.pop();
            int X = tmp.first, Y = tmp.second;
            for(int j = 0;j < 8;j++){
                int nx = X + dx[j];
                int ny = Y + dy[j];
                if(nx >= 1&&nx <= m&&ny >= 1&&ny <= m&&dis[nx][ny] == -1){
                    dis[nx][ny] = dis[X][Y] + 1;
                    Q.push((pi){nx,ny});
                }
            }
        }
        for(int j = 1;j <= n;j++) G[i][j] = dis[x[j]][y[j]];   //从城市 i 出发到其他城市的
                                                                距离
```

```
    }
    int ans = 0;
    for(int i = 1;i <= n;i++) D[i] = G[1][i];
    vis[1] = 1;
    for(int i = 1;i < n;i++){
        int id = -1;
        for(int j = 1;j <= n;j++) if(!vis[j]){
            if(id == -1||D[id]> D[j]) id = j;
        }
        vis[id] = 1; ans += D[id] + 1; //到达该城市后,第 2 天才占领,所以再加上 1 天
        for(int j = 1;j <= n;j++) D[j] = min(D[j],G[id][j]);
    }
    cout << ans << endl;
    return 0;
}
```

实践园二：公路修建

【题目描述】 某国有 n 个城市，它们互相之间没有公路相通，因此交通十分不便。为解决“行路难”的问题，政府决定修建公路。修建公路的任务由各城市共同完成。

修建工程分若干轮完成。在每一轮中，每个城市选择一个与它最近的城市，申请修建通往该城市的公路。政府负责审批这些申请以决定是否同意修建。

政府审批的规则如下。

(1) 如果两个或以上城市申请修建同一条公路，则让它们共同修建。

(2) 如果 3 个或以上的城市申请修建的公路成环。如图 32.1 所示，A 申请修建公路 AB，B 申请修建公路 BC，C 申请修建公路 CA，则政府将否决其中最短的一条公路的修建申请。

(3) 其他情况的申请一律同意。

一轮修建结束后，可能会有若干城市可以通过公路直接或间接相连。这些可以互相连通的城市即组成“城市联盟”。在下一轮修建中，每个“城市联盟”将被看作一个城市，发挥一个城市的作用。当所有城市被组合成一个“城市联盟”时，修建工程就完成了。你的任务是根据城市的分布和前面讲到的规则，计算出将要修建的公路总长度。

输入：第一行为一个整数 n，表示城市的数量($n \leqslant 5000$)。以下 n 行，每行两个整数 x 和 y，表示一个城市的坐标($-10^6 \leqslant x, y \leqslant 10^6$)。

输出：一个实数，四舍五入保留两位小数，表示公路总长(保证有唯一解)。

说明：样例解释，修建的公路示意如图 32.2 所示。

注：题目出自 https://www.luogu.com.cn/problem/P1265。

样例输入：

```
4
0 0
1 2
-1 2
0 4
```

样例输出：

```
6.47
```

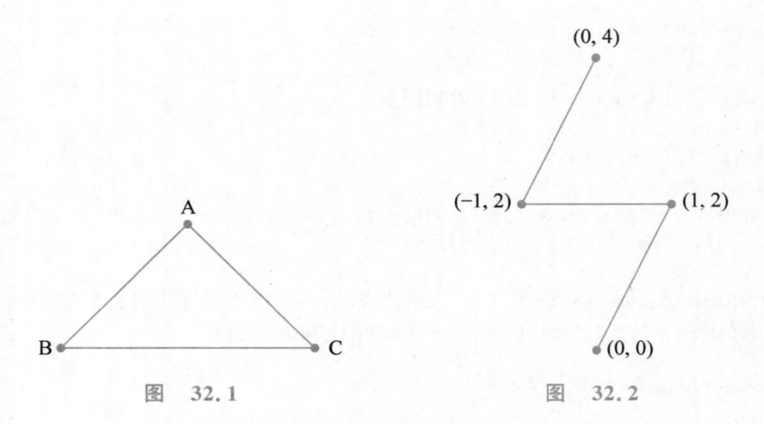

图 32.1　　　　图 32.2

算法提示：

由题意可知，关于政府审批的“如果3个或以上的城市申请修建的公路成环，则否决其中最短的申请”这一情况是不会出现的。本题的做法本质上就是求 n 个城市的最小生成树。由于城市（点数）$n=5000$，而任意两个城市直接都存在边（边数达到点数的平方级别，即 $m=n^2$），所以此处采取普里姆算法更优，时间复杂度为 $O(n^2)$。

注意：本题的题意实际上描述的是另外一个求解最小生成树问题的算法——Borůvka 算法。该算法由 Otakar Borůvka 在1926年首次发表，其时间复杂度为 $O(n^2\log n)$，其中 n 表示点数。关于该算法的基本思路，本书不作详细介绍，感兴趣的读者可以自行查阅资料。

实践园二参考程序：

```
#include<bits/stdc++.h>
using namespace std;
double x[5005],y[5005],D[5005];
bool vis[5005];
int n;
double dis(int u,int v){
    return sqrt((x[u] - x[v]) * (x[u] - x[v]) + (y[u] - y[v]) * (y[u] - y[v]));
}
int main(){
    cin>> n;
    for(int i = 1;i <= n;i++) cin>> x[i]>> y[i];
    double ans = 0;
    for(int i = 1;i <= n;i++) D[i] = dis(1,i);
    vis[1] = 1;
    for(int i = 1;i < n;i++){
        int id = -1;
        for(int j = 1;j <= n;j++) if(!vis[j]){
            if(id == -1||D[id]> D[j]) id = j;
        }
        vis[id] = 1; ans += D[id];
        for(int j = 1;j <= n;j++) D[j] = min(D[j],dis(id,j));
    }
    printf("%.2f\n",ans);
    return 0;
}
```

实践园三：安慰奶牛

【题目描述】 约翰有 $N(5 \leqslant N \leqslant 10000)$ 个牧场，编号依次为 1 到 N。每个牧场里住着一头奶牛。连接这些牧场的有 $P(N-1 \leqslant P \leqslant 100000)$ 条道路，每条道路都是双向的。第 j 条道路连接的是牧场 S_j 和 $E_j(1 \leqslant S_j \leqslant N, 1 \leqslant E_j \leqslant N, S_j != E_j)$，通行需要 $L_j(0 \leqslant L_j \leqslant 1000)$ 的时间。两牧场之间最多只有一条道路。约翰打算在保持各牧场连通的情况下去掉尽量多的道路。

约翰知道，在道路被强拆后，奶牛会非常伤心，所以他计划拆除道路之后就去安慰它们。约翰可以选择从任意一个牧场出发开始他的安慰工作。当他走访完所有的奶牛之后，还要回到他的出发地。每次路过牧场 i 的时候，他必须花 $C_i(1 \leqslant C_i \leqslant 1000)$ 的时间和奶牛交谈，即使之前已经做过工作了，也要留下来再谈一次。注意约翰在出发和回去的时候，都要和出发地的奶牛谈一次话。请你计算一下，约翰要拆除哪些道路，才能让安抚奶牛的时间最少？

输入：第一行包含两个整数，用空格隔开，分别表示 N 和 P；接下来 $N+1$ 行，每行包含一个整数，表示 C_i；接下来 $N+2$ 行，每行包含 3 个整数，用空格隔开，分别表示 S_j、E_j 和 L_j。

输出：一个整数，表示安慰所有奶牛所花费的总时间。

注：题目出自 https://www.luogu.com.cn/problem/P2916。

样例输入：

```
5 7
10
10
20
6
30
1 2 5
2 3 5
2 4 12
3 4 17
2 5 15
3 5 6
4 5 12
```

样例输出：

```
176
```

算法提示：

由题意可知“删掉尽可能多的道路，使得安慰奶牛的时间最少”本质上就是要“留下的道路能构成一棵树”，显然，这是一道求解最小生成树问题。

本题的特殊之处在于边权的计算，具体如下。

每条边 $e=(u,v,w)$ 都需要经过两次，且来回时分别要访问牧场 u 和 v，花费的时间为 C_u+C_v+2*w；另外，起点 s 要额外经过一次，花费的时间为 C_s。

因此，对于每条边 $e=(u,v,w)$ 来说，可得到新的边权为 C_u+C_v+2*w，从而花费的总时间为 $\sum_e$ 边权 $+\min\{C_s\}$。

综上分析，本题应首先对每条边计算新边权，然后在新边权下求最小生成树即可。

时间复杂度为 $O(m\log m)$。

实践园三参考程序：

```
#include<bits/stdc++.h>
using namespace std;
const int maxn = 1e5 + 5;
int c[maxn],n,m,pre[maxn];
struct edge{
    int u,v,w;
}e[maxn];
int fnd(int x){
    if(pre[x] == x) return x;
    return pre[x] = fnd(pre[x]);
}
bool cmp(edge u,edge v){
    return u.w < v.w;
}
int main(){
    cin >> n >> m;
    for(int i = 1;i <= n;i++) cin >> c[i];
    for(int i = 1;i <= m;i++){
        cin >> e[i].u >> e[i].v >> e[i].w;
        e[i].w = 2 * e[i].w + c[e[i].u] + c[e[i].v];        //计算新边权
    }
    for(int i = 1;i <= n;i++) pre[i] = i;
    sort(e + 1,e + m + 1,cmp);
    int ans = 0;
    for(int i = 1;i <= m;i++){
        int u = e[i].u, v = e[i].v;
        u = fnd(u); v = fnd(v);
        if(u!= v) pre[v] = u, ans += e[i].w;
    }
    int best = c[1];
    for(int i = 2;i <= n;i++) best = min(best,c[i]);
    cout << ans + best << endl;
    return 0;
}
```

实践园四：部落划分

【题目描述】 聪聪研究发现，荒岛野人总是过着群居的生活，但是，并不是整个荒岛上的所有野人都属于同一个部落，野人们总是拉帮结派形成属于自己的部落，不同的部落之间则经常发生争斗。只是，这一切都成为谜团了——聪聪根本就不知道部落究竟是如何分布的。

不过好消息是，聪聪得到了一份荒岛的地图。地图上标注了 n 个野人居住的地点（可以看作平面上的坐标）。同一个部落的野人总是生活在附近。把两个部落的距离定义为部落中距离最近的那两个居住点的距离。聪聪还获得了一个有意义的信息——这些野人总共被分为了 k 个部落！这真是个好消息。聪聪希望从这些信息里挖掘出所有部落的详细信息。他正在尝试这样一种算法：对于任意一种部落划分的方法，都能够求出两个部落之间的距离，聪聪希望求出一种部落划分的方法，使靠得最近的两个部落尽可能远离。

例如,图 32.3(a)表示一个好的划分,而图 32.3(b)则不是。请你编程帮助聪聪解决这个难题。

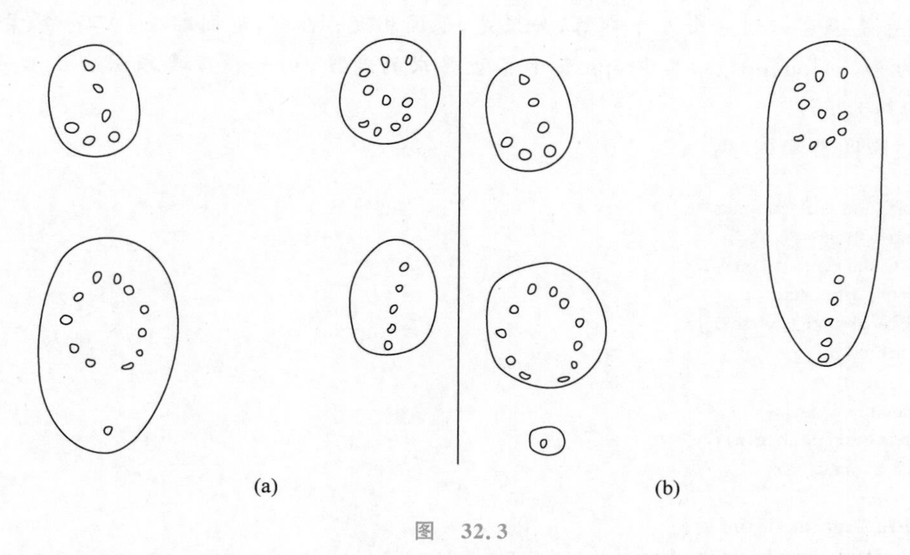

图 32.3

输入:第一行包含两个整数 n 和 k,分别代表野人居住点的数量和部落的数量。接下来 n 行,每行包含两个整数 x、y,描述了一个居住点的坐标。

输出:共一行,一个实数,为最优划分时,最近的两个部落的距离,精确到小数点后两位。

说明:对于 100% 的数据,保证 $2 \leqslant k \leqslant n \leqslant 10^3$,$0 \leqslant x, y \leqslant 10^4$。

注:题目出自 https://www.luogu.com.cn/problem/P4047。

样例输入:

```
9 3
2 2
2 3
3 2
3 3
3 5
3 6
4 6
6 2
6 3
```

样例输出:

```
2.00
```

算法提示:

由题意可知,尽可能地优先合并距离最近的两个部落,直到将 n 个部落合并成 k 个部落(合并 $n-k$ 次)为止。此时,第 $n-k+1$ 个部落的边权(两个部落之间的最小距离)就是问题的答案。

以上过程其实就是将一棵生成树划分 k 个连通块(或集合),直接使用克鲁斯卡尔算法加以实现。即在合并过程中,当连通块的数量(初始时为 n)等于 k 时就终止算法,此时得到的 k 个连通块就是最优解,然后再用 $O(n^2)$ 的时间暴力求出连通块之间的最小值即可。

时间复杂度为 $O(n^2\log n)$。

注意：本题也可以使用二分答案。即以 d 为距离，将距离小于 d 的两个点归为同一个部落，检查是否可以划分出 k 个部落，如果是，范围扩大；否则，范围缩小。二分答案的时间复杂度为 $O(n^2\log(\text{eps}))$，其中 eps 表示答案要求的精度，例如精度要求保留小数点 9 位，$\log(\text{eps})$ 约为 30。

实践园四参考程序：

```
#include<bits/stdc++.h>
using namespace std;
const int maxn = 1e3 + 5;
int n,k,pre[maxn];
double x[maxn],y[maxn];
struct edge{
    int u,v;
}e[maxn * maxn];
double sqr(double x){
    return x * x;
}
double dis(int u,int v){
    return sqrt(sqr((x[u] - x[v])) + sqr((y[u] - y[v])));
}
bool cmp(edge a,edge b){
    return dis(a.u,a.v)< dis(b.u,b.v);
}
int fnd(int x){
    if(pre[x] == x) return x;
    return pre[x] = fnd(pre[x]);
}
int main(){
    cin>> n >> k;
    for(int i = 1;i <= n;i++) cin>> x[i]>> y[i];
    int cnt = 0;
    for(int i = 1;i <= n;i++)
      for(int j = i + 1;j <= n;j++)
        e[++cnt] = (edge){i,j};
    sort(e + 1,e + cnt + 1,cmp);
    for(int i = 1;i <= n;i++) pre[i] = i;
    int res = n;                              //初始时有 n 个连通块
    for(int i = 1;i <= cnt;i++){
        if(res == k) break;                   //当连通块为 k 时终止合并
        int u = fnd(e[i].u), v = fnd(e[i].v);
        if(u!= v) pre[v] = u,res -- ;
    }
    double ans = 1e5;
    for(int i = 1;i <= n;i++)
      for(int j = 1;j <= n;j++)
        if(fnd(i)!= fnd(j)) ans = min(ans,dis(i,j));
    printf("%.2f\n",ans);
    return 0;
}
```

Chapter 7

第7章

最短路问题

第 33 课　初识最短路问题

导学牌

(1) 理解图论中的最短路问题。

(2) 理解最短路问题与边权范围。

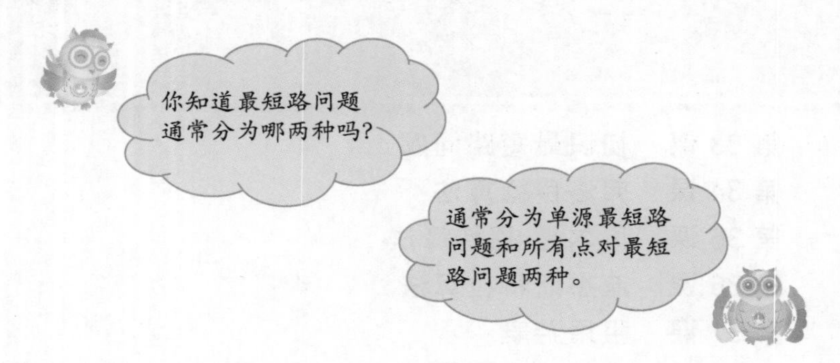

学习坊

1. 最短路问题

从某地出发前往目的地，怎么走路线最短？这就是一个最短路问题。

【例 33.1】　在图 33.1 中，节点 s 代表 A 快递公司，节点 t 代表 B 快递公司，其他节点代表中转站。现在要将 A 公司的快递送往 B 公司（假设各中转站之间的距离均相等且为 1），怎么走才最快呢？

通过观察很容易发现，$s \to v_3 \to t$ 是 A 公司到 B 公司的最快（或最短）路径。

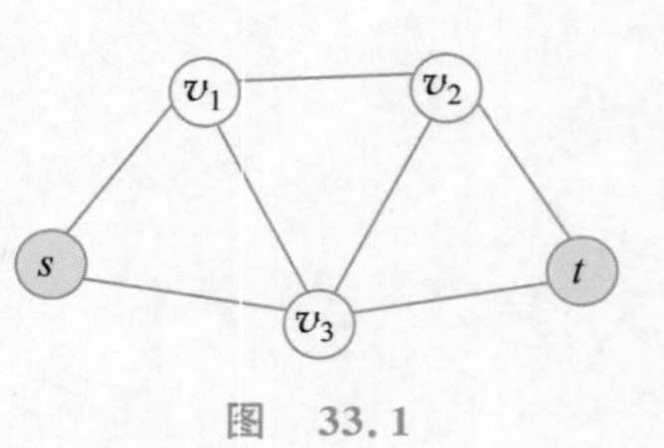

图　33.1

在一个含有 n 个节点和 m 条边的图 $G=(V,E)$ 中，定义一条路径的长度为它所经过的边数。对于图 G 的两个节点 u 和 v，假设用 $d(u,v)$ 表示节点 u 到 v 的最短路长度，则 $d(u,v)$ 就是所有从节点 u 到 v 的路径中长度最小的那条路径。

【例 33.2】　求图 33.2 中，从 1 号节点出发到其他所有节点的最短路？

直接从 1 号节点出发做 BFS 即可，算法实现请参考例 3.1，此处略。即求出 $d(1,2)=1$、$d(1,3)=1$、$d(1,4)=1$、$d(1,5)=2$、$d(1,6)=3$、$d(1,7)=2$、$d(1,8)=2$、$d(1,9)=2$、$d(1,10)=4$。

2. 带边权最短路问题

在一个含有 n 个节点和 m 条边的带边权图 $G=(V,E)$ 中，定义一条路径的长度为它所

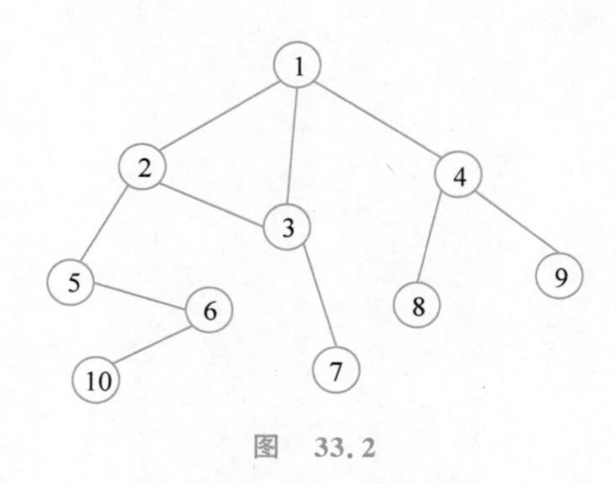

图 33.2

经过的边权之和。对于图 G 的两个节点 u 和 v，假设用 $w(u,v)$ 表示 u 和 v 之间的边权，$d(u,v)$ 表示节点 u 到 v 的最短路长度，则 $d(u,v)$ 就是一条从 u 到 v 的路径，且这条路径上的边权和最小。

【例 33.3】 求带边权图 33.3 中，从起点 s 到终点 t 的最短路？

通过观察可以得出路径 $s \to v_1 \to v_3 \to t$ 是起点 s 到终点 t 的最短路，即该条路径上的边权和最小，有 $w(s,v_1)+w(v_1,v_3)+w(v_3,t)=7$。

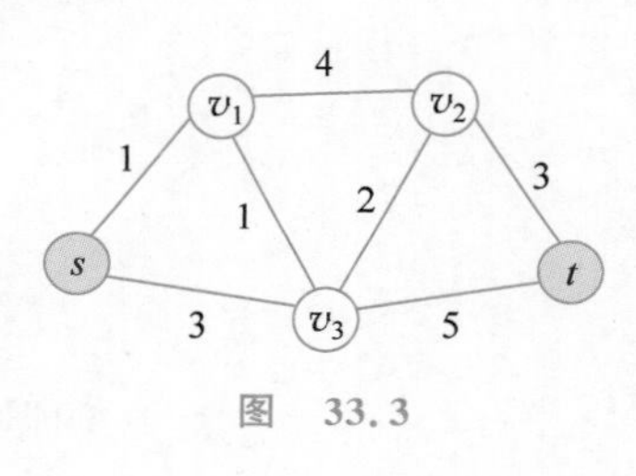

图 33.3

最短路问题是图论中的一个经典算法问题，在程序设计竞赛中经常出现。最短路问题实际上就是给定一张（带边权的）无向（或有向）图，要求计算出图中一些节点之间的最短路。

最短路问题通常可以分为单源最短路问题和所有点对最短路问题。

单源最短路问题是指给定一个起点 s，要求计算出起点 s 到其他所有节点的最短路。

所有点对最短路问题（也称多源最短路问题）是指给定任意点对 s 和 t，要求计算出它们之间的最短路 $d(s,t)$。

3. 最短路问题与边权范围

在最短路问题中，边权的范围是相当重要的因素。主要分以下 4 种情况。

(1) 边权全为 1 的情况，相当于无边权图，直接做 BFS 求出图的最短路即可，如图 33.2 所示。

(2) 边权不大（不超过 10）的情况，例如边权为 1 或者 2 的情况，对于部分边权为 2 的边，可以在中间加入一个“虚点”，将其转化成边权全为 1 的情况，此时仍然可以通过已学过的 BFS 求出最短路。

(3) 边权较大（10^9 以内）的情况。在这种情况下，BFS 求最短路已不适用。

(4) 边权为负数的情况，以上 3 种情况均默认为边权大于或等于 1 的情况，但在图论问题中，是存在边权为负数的情况的，不过一般需要保证该图是一个不存在负环的有向图，这是因为沿着负环一直走就会得到负无穷的长度。

【例 33.4】 使用插点法求带边权图 33.4 的图 G_1 中，从起点 s 到终点 t 的最短路。

首先，在图 G_1 插入虚点，将部分不为 1 的边权全都转化为 1，插入虚点后如图 G_2 所示。然后直接做 BFS 求出最短路即可。

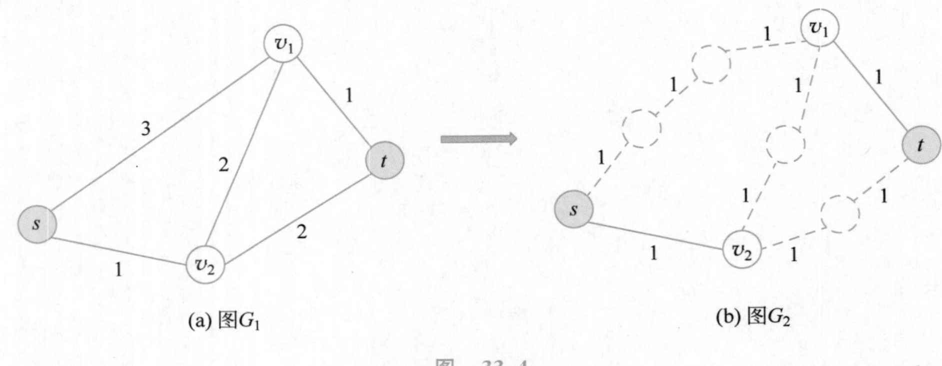

(a) 图G_1　　(b) 图G_2

图　33.4

【例 33.5】　求带边权图 33.5 的图 G_1 中，从起点 s 到终点 t 的最短路。

由于图 G_1 存在负环 $s \to t \to v$，当围绕该负环一直走下去，最短路是负无穷的，即无法定义。

(a) 图G_1　　(b) 图G_2

图　33.5

【例 33.6】　求带边权图 33.5 的图 G_2 中，从起点 s 到终点 t 的最短路。

由于图 G_2 是一个存在负边权的无向图，当围绕该负边权的边来回一直走下去，最短路是无法定义的。

在图论中，最短路问题有很多经典的算法，它们适合不同的场景。比如弗洛伊德(Floyd)算法、贝尔曼-福特(Bellman-Ford)算法以及迪杰斯特拉(Dijkstra)算法等。在后续的学习中，本书将依次介绍这些解决最短路问题的经典算法。

第34课　弗洛伊德算法

导学牌

掌握弗洛伊德(Floyd)算法的基本思想及实现。

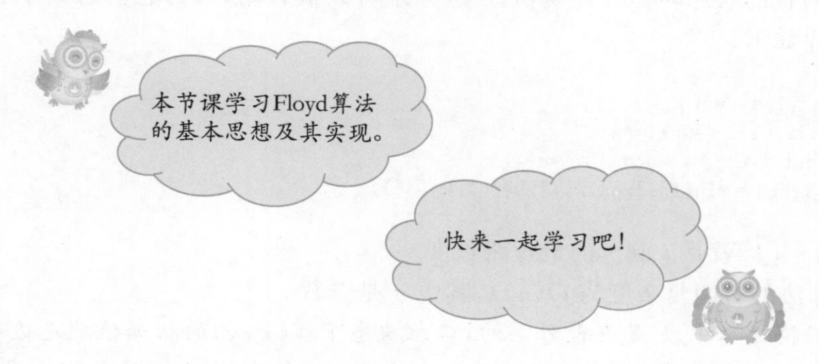

学习坊

1. 弗洛伊德算法

弗洛伊德算法是一种利用动态规划的思想,求解给定带边权图中所有点对之间最短路长度的算法。该算法是以创始人之一、1978年图灵奖获得者、斯坦福大学计算机科学系教授罗伯特·弗洛伊德(Robert Floyd)命名的,所以称为Floyd算法。

Floyd算法可以解决所有点对最短路问题。它在无向图和有向图中均适用,且允许存在负边权。

2. Floyd算法的基本思想

Floyd算法的基本思想实质上是基于动态规划的算法思想。

首先,定义状态 $f(k,x,y)$:用来表示从 x 走到 y,中途经过的节点的编号都不超过 k 时的最短路长度(如果不存在这样的路径,则设为 ∞)。

然后,计算状态 $f(k,x,y)$ 时,可以考虑从 x 走到 y 是否经过节点 m 的情况。假设此时已经计算出 $k=0,1,\cdots,m-1$ 时的答案 $f(k,x,y)$。

(1) 如果 x 到 y 的路径经过节点 m,则有 $f(m,x,y)=f(m-1,x,m)+f(m-1,m,y)$。

(2) 如果 x 到 y 的路径没有经过节点 m,则有 $f(m,x,y)=f(m-1,x,y)$。

根据以上策略,可以得到状态转移方程如下:

$$f(k,x,y)=\min(f(k-1,x,k)+f(k-1,k,y),f(k-1,x,y))\quad (k>0)$$

最后,$f(n,x,y)$ 就是图中 x 到 y 的最短路长度。

边界情况：当 $k=0$ 时，如果有一条 x 到 y 的边，则有 $f(0,x,y)=w(x,y)$，其中 $w(x,y)$ 表示这条边的权值；否则，$f(0,x,y)=\infty$。

3. Floyd 算法思想的实现

Floyd 算法的实现具体如下。

```
for(int k = 1;k <= n;k++)
  for(int i = 1;i <= n;i++)
    for(int j = 1;j <= n;j++)
      f[k][i][j] = min(f[k - 1][i][j],f[k - 1][i][k] + f[k - 1][k][j]);
```

与背包问题的状态转移方程类似，k 这一维可以被省略，因为它对答案不会产生影响，更新后的程序如下。

```
for(int k = 1;k <= n;k++)
  for(int i = 1;i <= n;i++)
    for(int j = 1;j <= n;j++)
      f[i][j] = min(f[i][j],f[i][k] + f[k][j]);
```

最终，$f[i][j]$就是 i 到 j 的最短路长度。

Floyd 算法的时间复杂度为 $O(n^3)$，其中 n 是点数。

注意：三轮循环中，k 是在最外层的，二维状态下 $f(x,y)$的初始值就是边权 $w(x,y)$。

【例 34.1】 Floyd 模板。给出一张由 n 个点、m 条边组成的无向图。求出所有点对 (i,j)之间的最短路径。

输入：第一行为两个整数 n、m，分别代表点的个数和边的条数。接下来 m 行，每行 3 个整数 u、v、w，代表点 u、v 之间存在一条边权为 w 的边。

输出：n 行，每行 n 个整数。第 i 行的第 j 个整数代表从 i 到 j 的最短路径。

说明：对于 100%的数据，$1\leqslant n\leqslant 100$，$1\leqslant m\leqslant 4500$，任意一条边的权值 w 是正整数且 $1\leqslant w\leqslant 1000$。数据中可能存在重边。

注：题目出自 https://www.luogu.com.cn/problem/B3647。

样例输入：

```
4 6
1 2 1
2 3 1
3 4 10
1 4 3
1 3 4
2 1 2
```

样例输出：

```
0 1 2 3
1 0 1 4
2 1 0 5
3 4 5 0
```

算法解析：

本题是一个 Floyd 算法的模板题，Floyd 算法的基本思想详见上述，此处略。

以样例为例，建立如图 34.1 所示。用 $f(i,j)$表示 i 到 j 的最短路，Floyd 算法实现过程具体如下。

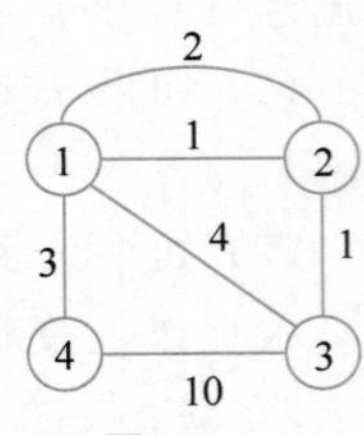

图 34.1

(1) 初始时，以任意节点 i 直接连向节点 j 的无向边边权作为最短路长度(若有重边取最小值,如图34.1的1号节点到2号节点之间存在重边)。如果 i 到 j 之间不存在直接边,则以∞作为它们之间的最短路长度,如表34.1所示。

注意:任意节点 i 到 i(每个节点到自身)的最短路设为0,即 $f(i,i)=0$。

表　34.1

i	j			
	1	2	3	4
1	0	1	4	3
2	1	0	1	∞
3	4	1	0	10
4	3	∞	10	0

(2) 当 $k=1$ 时(以1号节点作为中间节点),从 i 走到 j 经过1号节点时的最短路长度更新如表34.2所示。

$f(2,4)=\min(f(2,4),f(2,1)+f(1,4))=\min(\infty,1+3)=4$,即将 $f(2,4)$ 和 $f(4,2)$ 更新为4。

$f(3,4)=\min(f(3,4),f(3,1)+f(1,4))=\min(10,4+3)=7$,即将 $f(3,4)$ 和 $f(4,3)$ 更新为7。

表　34.2

i	j			
	1	2	3	4
1	0	1	4	3
2	1	0	1	4
3	4	1	0	7
4	3	4	7	0

(3) 当 $k=2$ 时(以2号节点作为中间节点),从 i 走到 j 经过2号节点时的最短路长度更新如表34.3所示。

$f(1,3)=\min(f(1,3),f(1,2)+f(2,3))=\min(4,1+1)=2$,即将 $f(1,3)$ 和 $f(3,1)$ 更新为2。

$f(3,4)=\min(f(3,4),f(3,2)+f(2,4))=\min(7,1+4)=5$,即将 $f(3,4)$ 和 $f(4,3)$ 更新为5。

表　34.3

i	j			
	1	2	3	4
1	0	1	2	3
2	1	0	1	4
3	2	1	0	5
4	3	4	5	0

(4) 当 $k=3$ 时(以 3 号节点作为中间节点)，从 i 走到 j 经过 3 号节点时的最短路长度无更新。

(5) 当 $k=4$ 时(以 4 号节点作为中间节点)，从 i 走到 j 经过 4 号节点时的最短路长度无更新。

(6) 最终表 34.3 记录的就是图 34.1 中任意两点 i 和 j 的最短路长度。

算法时间复杂度为 $O(n^3)$。

编写程序：

根据以上算法解析，可以编写程序如图 34.2 所示。

```
00 #include<bits/stdc++.h>
01 using namespace std;
02 int n,m,d[205][205],w[205][205];
03 int main(){
04     cin>>n>>m;
05     for(int i=1;i<=n;i++)
06       for(int j=1;j<=n;j++)
07         if(i!=j) w[i][j]=1e9;
08     while(m--){
09         int x,y,z; cin>>x>>y>>z;
10         w[x][y]=min(w[x][y],z);  //若重边取最小值
11         w[y][x]=min(w[y][x],z);
12     }
13     memcpy(d,w,sizeof(w));        //将d[i][j]复制成w[i][j]
14     for(int k=1;k<=n;k++)
15       for(int i=1;i<=n;i++)
16         for(int j=1;j<=n;j++)
17           d[i][j]=min(d[i][j],d[i][k]+d[k][j]);
18     for(int i=1;i<=n;i++){
19         for(int j=1;j<=n;j++) cout<<d[i][j]<<" ";
20         cout<<endl;
21     }
22     return 0;
23 }
```

图 34.2

运行结果：

```
4 6
1 2 1
2 3 1
3 4 10
1 4 3
1 3 4
2 1 2
0 1 2 3
1 0 1 4
2 1 0 5
3 4 5 0
```

程序说明：

本题数据中可能出现重边，因此在读入边权 $w(u,v)$ 时，应注意取重边中的最小值，读入方式如程序的第 10、11 行所示。

4. Floyd 算法的应用——最小环问题

【例 34.2】 无向图的最小环问题。给定一张无向图，求图中一个至少包含 3 个点的环，环上的节点不重复，并且环上的边的长度之和最小。该问题称为无向图的最小环问题。在本题中，你需要输出最小的环的边权和。若无解，输出“No solution.”。

输入：第一行两个正整数 n 和 m，表示点数和边数。接下来 m 行，每行 3 个正整数 u、

v、d，表示节点 u 和 v 之间有一条长度为 d 的边。

输出：边权和最小的环的边权和。若无解，输出“No solution.”。

说明：

(1) 样例解释：一种可行的方案为 1→3→5→2→1。

(2) 数据范围：对于 20%的数据，$n,m \leqslant 10$；对于 60%的数据，$m \leqslant 100$；对于 100%的数据，$1 \leqslant n \leqslant 100$，$1 \leqslant m \leqslant 5 \times 10^3$，$1 \leqslant d \leqslant 10^5$。无解输出不包括引号。

注：题目出自 https://www.luogu.com.cn/problem/P6175。

样例输入：

```
5 7
1 4 1
1 3 300
3 1 10
1 2 16
2 3 100
2 5 15
5 3 20
```

样例输出：

```
61
```

算法解析：

本题可以考虑 Floyd 算法的基本思想。在 Floyd 算法中，当枚举到节点编号为 k 时，已经得到了前 $k-1$ 个节点的最短路长度。同样的思路，本题考虑枚举最小环中编号最大的节点。

假设最小环如图 34.3 所示，其中 k 为环上编号最大的节点（节点 $v_1 \sim v_m$ 以及 k 两侧的节点 x 和 y 均小于k），用 $f(k,x,y)$表示最小环长度。具体步骤如下。

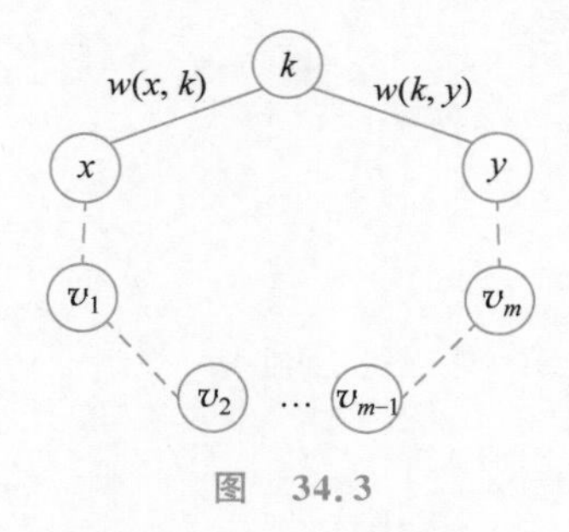

图 34.3

首先，枚举环上编号最大的节点 k（假设路径 $x \to v_i \to y \to k \to x$ 构成了图 34.3 所示的最小环）。

然后，枚举它两侧的节点 x 走到 y 的最短路，由于 k 是环上编号最大的节点，所以其他节点（包含 x 和 y 且 $x!=y$）均小于 k，也就是枚举从 x 走到 y，中途经过的节点编号都不超过 $k-1$ 的最短路长度，用 $f(k-1,x,y)$表示。

最后，如果存在路径 $x \to k \to y$，则最小环长度 $f(k,x,y)$更新为 $f(k-1,x,y)+w(x,k)+w(k,y)$；否则，无解。

编写程序：

根据以上算法解析，可以编写程序如图 34.4 所示。

```
00 #include<bits/stdc++.h>
01 using namespace std;
02 const int inf=1e8;
03 int n,m,d[205][205],w[205][205],ans;
04 int main(){
05     cin>>n>>m;
06     for(int i=1;i<=n;i++)
07       for(int j=1;j<=n;j++)
08         w[i][j]=inf;
09     while(m--){
10         int x,y,z; cin>>x>>y>>z;
11         w[x][y]=min(w[x][y],z);
12         w[y][x]=min(w[y][x],z);
13     }
14     memcpy(d,w,sizeof(w));
15     ans=inf;
16     for(int k=1;k<=n;k++){
17         for(int i=1;i<k;i++)
18           for(int j=i+1;j<k;j++){ //枚举环上k左右两侧的点i,j
19             ans=min(ans,w[k][i]+w[k][j]+d[i][j]);
20           }
21         for(int i=1;i<=n;i++)
22           for(int j=1;j<=n;j++)
23             d[i][j]=min(d[i][j],d[i][k]+d[k][j]);
24     }
25     if(ans==inf) cout<<"No solution."<<endl;
26     else cout<<ans<<endl;
27     return 0;
28 }
```

图 34.4

运行结果：

```
5 7
1 4 1
1 3 300
3 1 10
1 2 16
2 3 100
2 5 15
5 3 20
61
```

第 35 课 贝尔曼-福特算法

导学牌

掌握贝尔曼-福特(Bellman-Ford)算法的基本思想及实现。

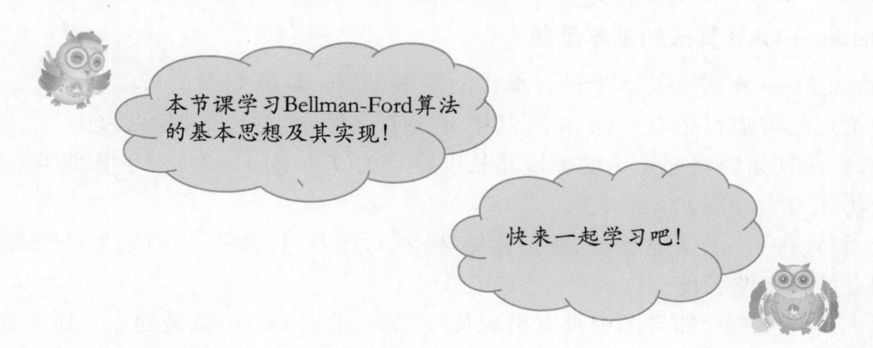

学习坊

Floyd 算法是一种多源最短路算法(该算法既可以用于求多源最短路问题,如例 34.1 所示,又可以用于求单源最短路问题,如例 35.1 所示)。

本节课将介绍单源最短路算法之一——贝尔曼-福特算法。

1. 松弛操作

在图论算法中,松弛操作(relax)是指对于每条边进行边权调整的过程,以便找到从起点到其他所有节点的最短路长度。假设在一个含有 n 个节点、m 条边的带边权有向图 $G(V,E)$ 中,给定一个起点 s 和任意节点 t,用 $\text{dis}(t)$ 表示起点 s 到节点 t 的最短路长度。

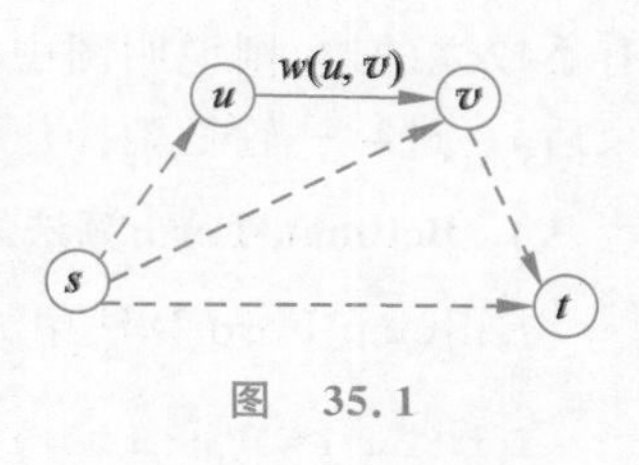

图 35.1

松弛操作的具体过程如下。

对于图上任意一条边 $u \to v$,如图 35.1 所示,其边权为 $w(u,v)$,那么有

$$\text{dis}(v)=\min(\text{dis}(v),\text{dis}(u)+w(u,v))$$

以上对 $\text{dis}(v)$ 的更新就是一次对于边 $u \to v$ 的松弛操作。

松弛操作的含义实际上就是尝试用路径 $s \to u \to v$ 更新起点 s 到节点 v 的最短路长度。其中路径 $s \to u$ 是起点 s 到 u 的最短路,即长度为 $\text{dis}(u)$。

如果图中没有负环,$\text{dis}(t)$ 就是起点 s 到节点 t 的真实最短路长度,那么对于每条边 (u,v),都满足:

$$\text{dis}(v) \leqslant \text{dis}(u)+w(u,v)$$

证明：若上述不等式不成立，即有 $dis(v)>dis(u)+w(u,v)$，那么就表示一定可以从路径 $s\to u\to v$ 上得到到达节点 v 更短的长度，而 $dis(v)$ 又表示从起点 s 到节点 v 的最短路长度，这就形成了矛盾。因此不等式 $dis(v)\leqslant dis(u)+w(u,v)$ 成立。

2. 贝尔曼-福特算法

贝尔曼-福特算法是一种基于松弛操作的最短路算法，它可以求出带负边权图的最短路，同时还可以对最短路不存在（图中存在负环）的情况进行判断。该算法是由理查德·贝尔曼（Richard Bellman）和莱斯特·福特（Lester Ford）创立的，所以称为 Bellman-Ford 算法。

Bellman-Ford 算法是用于求解单源最短路径问题的一种算法。

3. Bellman-Ford 算法的基本思想

Bellman-Ford 算法就是基于松弛操作的基本思想。具体如下。

对于给定的带边权图 $G=(n,m)$，其中 n 为节点集，m 为边集，起点为 s。

首先，算法初始时将起点 s 的最短路长度设定为 0（$dis(s)=0$），对于其他节点 t 的最短路长度设为无穷大（$dis(t)=\infty$）。

然后，算法进行 $n-1$ 轮循环，在每轮循环中，对图 G 上的每条边 (u,v) 进行松弛操作，更新 s 到 v 的最短路长度。

最后，当循环结束，如果图中没有出现负环，那么此时 $dis(t)$ 就是起点 s 到任意节点 t 的最短路长度；否则，不存在最短路。

Bellman-Ford 算法的时间复杂度为 $O(nm)$。

思考 1：为什么要进行 $n-1$ 轮松弛操作呢？

因为在图中从起点 s 到任意节点 t 的最短路至多经过 $n-1$ 条边。即由于每轮松弛操作可以让最短路经过的边数加 1，$n-1$ 轮后就可以求出经过至多 $n-1$ 条边的最短路长度。

思考 2：如何判定图中是否存在负环呢？

在算法结束后，对每条边 (u,v) 检查不等式 $dis(v)\leqslant dis(u)+w(u,v)$ 是否成立。如果有不成立的边，则说明图中存在负环，即最短路不存在。换句话说，当 $n-1$ 轮松弛操作结束后，再进行一轮松弛操作，如果还有可以松弛操作的边，则说明存在负环。

4. Bellman-Ford 算法思想的实现

Bellman-Ford 算法中 $n-1$ 轮松弛操作的实现，具体如下所示。

```
for (int i = 1;i < n;i++){                                   //执行 n - 1 轮
    for (int u = 1;u <= n;u++){
        if (dis[u] == inf) continue;          //dis[u]为∞时不需要对 u 连向的边做松弛操作
        for (int j = 0;j < G[u].size();j++){
            int v = G[u][j].to,w = G[u][j].val;
            dis[v] = min(dis[v],dis[u] + w);          //对每条边(u,v)进行松弛操作
        }
    }
}
```

Bellman-Ford 算法中判断图中是否存在负环的情况，即执行 $n-1$ 轮松弛操作后，检查每条边 (u,v) 是否出现 $dis[v]>dis[u]+w$ 的情况，如果是，说明存在负环，具体如下。

```
bool flag = 0;                                  //无负环
for (int u = 1;u <= n;u++){
    if (dis[u] == inf) continue;                //说明从起点 1 无法走到节点 u
    for (int j = 0;j < G[u].size();j++){
        int v = G[u][j].to,w = G[u][j].val;
        if (dis[v]> dis[u] + w) flag = 1;       //有负环
    }
}
```

Bellman-Ford 算法的时间复杂度为 $O(nm)$，其中 n 是点数，m 是边数。

【例 35.1】 负环。给定一个 n 个点的有向图，请求出图中是否存在从顶点 1 出发能到达的负环。负环的定义：一条边权之和为负数的回路。

输入：多组测试数据。第一行是一个整数 T，表示测试数据的组数。每组数据的格式如下。第一行有两个整数，分别表示图的点数 n 和接下来给出边信息的条数 m。接下来 m 行，每行 3 个整数 u、v、w。若 $w \geqslant 0$，则表示存在一条从 u 至 v 边权为 w 的边，还存在一条 v 至 u 边权为 w 的边。若 $w<0$，则只表示存在一条从 u 至 v 边权为 w 的边。

输出：对于每组数据，输出一行一个字符串，若所求负环存在，输出 YES；否则，输出 NO。

说明：对于全部的测试点，保证 $1 \leqslant n \leqslant 2 \times 10^3$，$1 \leqslant m \leqslant 3 \times 10^3$。$1 \leqslant u, v \leqslant n$，$-10^4 \leqslant w \leqslant 10^4$。$1 \leqslant T \leqslant 10$。

注：题目出自 https://www.luogu.com.cn/problem/P3385。

样例输入：

```
2
3 4
1 2 2
1 3 4
2 3 1
3 1 -3
3 3
1 2 3
2 3 4
3 1 -8
```

样例输出：

```
NO
YES
```

算法解析：

根据题意，本题可以使用 Bellman-Ford 算法判断该有向图是否存在负环，算法思想详见上述，此处略。

以样例的第一组数据为例，建立如图 35.2 所示。

通过观察可以很容易发现，在图 35.2 中，从节点 1 出发不存在能到达的负环。使用 Bellman-Ford 算法的实现过程具体如下。

图 35.2

(1) 初始时将起点 1 的最短路长度设定为 0，即 $\text{dis}(1)=0$，对与其他节点 $\{2,3\}$ 的最短路长度分别有 $\text{dis}(2)=2$，$\text{dis}(3)=4$。

(2) 算法进行 $2(n-1)$ 轮松弛操作，具体如下。

第 1 轮：

首先，对节点 1 连向的边进行松弛操作，分别有

$$\text{dis}(2)=\min(\text{dis}(2), \text{dis}(1)+w(1,2))=2$$

$$dis(3)=\min(dis(3),dis(1)+w(1,3))=4$$

然后，对节点 2 连向的边进行松弛操作，分别有

$$dis(1)=\min(dis(1),dis(2)+w(2,1))=0$$

$$dis(3)=\min(dis(3),dis(2)+w(2,3))=3$$

最后，对节点 3 连向的边进行松弛操作，分别有

$$dis(1)=\min(dis(1),dis(3)+w(3,1))=0$$

$$dis(2)=\min(dis(2),dis(3)+w(3,2))=2$$

$$dis(1)=\min(dis(1),dis(3)+w(3,1))=0$$

注意：因为节点 3 有两条连向节点 1 的边，所以进行两次松弛操作。

经过第 1 轮松弛操作后，起点 1 到节点{1,2,3}的最短路长度 dis[i]更新为{0,2,3}。

第 2 轮：

首先，对节点 1 连向的边进行松弛操作，分别有

$$dis(2)=\min(dis(2),dis(1)+w(1,2))=2$$

$$dis(3)=\min(dis(3),dis(1)+w(1,3))=3$$

然后，对节点 2 连向的边进行松弛操作，分别有

$$dis(1)=\min(dis(1),dis(2)+w(2,1))=0$$

$$dis(3)=\min(dis(3),dis(2)+w(2,3))=3$$

最后，对节点 3 连向的边进行松弛操作，分别有

$$dis(1)=\min(dis(1),dis(3)+w(3,1))=0$$

$$dis(2)=\min(dis(2),dis(3)+w(3,2))=2$$

$$dis(1)=\min(dis(1),dis(3)+w(3,1))=0$$

经过第 2 轮松弛操作后，起点 1 到节点{1,2,3}的最短路长度 dis[i]更新为{0,2,3}(从更新后的最短路长度可以看出图 35.2 是不存在负环的)。

(3) 当 2 轮松弛操作结束后，循环遍历每一条边，依次检查是否存在负环路径(检查是否有表达式 dis[v]>dis[u]+w 成立)，检查后发现图 35.2 中并无负环存在，则输出 NO。

以样例的第二组数据为例，建立如图 35.3 所示。

通过观察可以很容易发现，在图 35.3 中，从节点 1 出发存在能到达的负环路径 1→2→3，沿着此路径一直走下去，最短路将会无穷小，即不存在最短路。使用 Bellman-Ford 算法的实现过程具体如下。

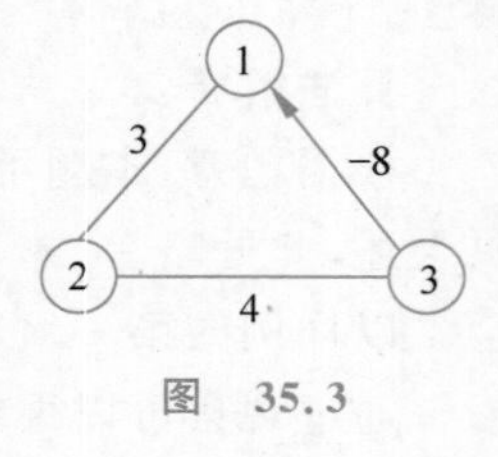

图 35.3

(1) 初始时将起点 1 的最短路长度设定为 0，即 dis(1)=0，对与其他节点{2,3}的最短路长度分别有 dis(2)=3，dis(3)=∞。

(2) 算法进行 2 轮松弛操作，具体如下。

第 1 轮：

首先，对节点 1 连向的边进行松弛操作，分别有

$$dis(2)=\min(dis(2),dis(1)+w(1,2))=3$$

然后，对节点 2 连向的边进行松弛操作，分别有

$$dis(1)=\min(dis(1),dis(2)+w(2,1))=0$$

$$dis(3)=\min(dis(3),dis(2)+w(2,3))=7$$

最后，对节点 3 连向的边进行松弛操作，分别有

$$dis(2) = \min(dis(2), dis(3) + w(3,2)) = 3$$

$$dis(1) = \min(dis(1), dis(3) + w(3,1)) = -1$$

经过第 1 轮松弛操作后，起点 1 到节点{1,2,3}的最短路长度 dis[i]更新为{−1,3,7}。

第 2 轮：

首先，对节点 1 连向的边进行松弛操作，分别有

$$dis(2) = \min(dis(2), dis(1) + w(1,2)) = 2$$

然后，对节点 2 连向的边进行松弛操作，分别有

$$dis(1) = \min(dis(1), dis(2) + w(2,1)) = -1$$

$$dis(3) = \min(dis(3), dis(2) + w(2,3)) = 6$$

最后，对节点 3 连向的边进行松弛操作，分别有

$$dis(2) = \min(dis(2), dis(3) + w(3,2)) = 2$$

$$dis(1) = \min(dis(1), dis(3) + w(3,1)) = -2$$

经过第 2 轮松弛操作后，起点 1 到节点{1,2,3}的最短路长度 dis[i]更新为{−2,2,6}（从更新后的最短路长度可以看出图 35.3 存在负环）。

（3）当 2 轮松弛操作结束后，循环遍历每一条边，依次检查是否存在负环，检查后发现图 35.3 中存在负环，则输出 YES。

算法时间复杂度为 $O(nm)$。

编写程序：

根据以上算法解析，可以编写程序如图 35.4 所示。

```
00  #include<bits/stdc++.h>
01  using namespace std;
02  const int maxn=1e4+5,inf=1e9;
03  int dis[maxn],n,m;
04  struct edge{
05      int to,val;
06  };
07  vector<edge> G[maxn];
08  bool bellmanford(){
09      for(int i=1;i<n;i++){  //执行n-1轮
10          for(int u=1;u<=n;u++){
11              if(dis[u]==inf) continue;
12              //如果dis[u]=inf,不需要对u连向的边做松弛操作
13              for(int j=0;j<G[u].size();j++){
14                  int v=G[u][j].to, w=G[u][j].val;
15                  dis[v]=min(dis[v],dis[u]+w);
16              }
17          }
18      }
19      bool flag=0;
20      for(int u=1;u<=n;u++){
21          if(dis[u]==inf) continue;  //说明从起点1出发无法走到节点u
22          for(int j=0;j<G[u].size();j++){
23              int v=G[u][j].to, w=G[u][j].val;
24              if(dis[v]>dis[u]+w) flag=1;
25          }
26      }
27      return flag;
28  }
29  void solve(){
30      cin>>n>>m;
31      for(int i=1;i<=n;i++) G[i].clear(); //多测需清零
32      for(int i=0;i<m;i++){
33          int u,v,w; cin>>u>>v>>w;
34          G[u].push_back((edge){v,w});
35          if(w>=0) G[v].push_back((edge){u,w});
```

图 35.4

```
36      }
37      dis[1]=0;
38      for(int i=2;i<=n;i++) dis[i]=inf;
39      if(bellmanford()) cout<<"YES"<<endl;
40      else cout<<"NO"<<endl;
41  }
42  int main(){
43      int T; cin>>T;
44      while(T--) solve();
45      return 0;
46  }
```

图 35.4(续)

运行结果：

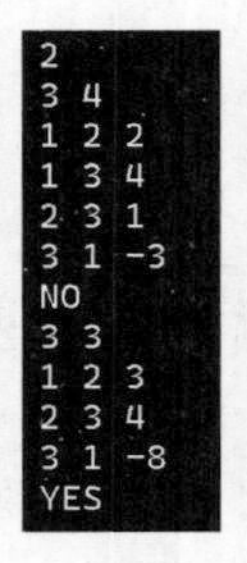

5. SPFA 优化

在 Bellman-Ford 算法中，每条边都需要经过 $n-1$ 次松弛操作，但其实有些松弛操作是没有必要进行的，例如图 35.2 的第 2 轮松弛操作就是没有必要进行的。

实际上，只有当一个节点 u 的 dis(u)值被更新后，它所连向的边才有松弛操作的必要。所以，通常情况只需要记录哪些节点的 dis 值被更新过即可。

SPFA(shortest path faster algorithm)就是 Bellman-Ford 算法的一种优化实现，它通过使用队列来维护 dis 值被更新过的节点，以此避免不必要的松弛操作，从而提高了算法的执行效率。

6. SPFA 优化的算法实现

使用 SPFA 优化例 35.1 的参考程序，具体如图 35.5 所示。

```
00  #include<bits/stdc++.h>
01  using namespace std;
02  const int maxn=1e4+5,inf=1e9;
03  struct edge{
04      int to,val;
05  };
06  vector<edge> G[maxn];
07  bool vis[maxn];                    //vis[u]记录u是否在队列中
08  int dis[maxn],n,m,cnt[maxn]; //cnt[u]记录u进队列的次数
09  bool spa(){
10      queue<int> Q;
11      Q.push(1); vis[1]=1; cnt[1]++; //初始化,起点1放进队列中
12      while(!Q.empty()){
13          int u=Q.front(); Q.pop(); vis[u]=0;
14          for(int i=0;i<G[u].size();i++){
15              int v=G[u][i].to, w=G[u][i].val;
16              if(dis[v]>dis[u]+w){
17                  dis[v]=dis[u]+w;
18                  if(!vis[v]){
19                      vis[v]=1; Q.push(v);     //更新v,进队列
20                      cnt[v]++;
21                      if(cnt[v]>n) return 1; //v进队列n次说明有负环
22                  }
```

图 35.5

```
23 			}
24 		}
25 	}
26 	return 0;
27 }
28 void solve(){
29 	cin>>n>>m;
30 	for(int i=1;i<=n;i++)
31 		vis[i]=0,cnt[i]=0,G[i].clear();   //多测时各数组均要清空
32 	for(int i=0;i<m;i++){
33 		int u,v,w; cin>>u>>v>>w;
34 		G[u].push_back((edge){v,w});
35 		if(w>=0) G[v].push_back((edge){u,w});
36 	}
37 	dis[1]=0;
38 	for(int i=2;i<=n;i++) dis[i]=inf;
39 	if(spa()) cout<<"YES"<<endl;
40 	else cout<<"NO"<<endl;
41 }
42 int main(){
43 	int T; cin>>T;
44 	while(T--) solve();
45 	return 0;
46 }
```

图 35.5(续)

在最坏情况下，当图中存在负环时，SPFA 的时间复杂度为 $O(nm)$，其中 n 表示点数，m 表示边数。这是因为算法会不断地对边进行松弛操作，直到队列为空为止。由于存在负环，某些节点可能会被多次加入队列并进行松弛操作，这就导致算法的时间复杂度增加。然而，在实际应用中，SPFA 通常能够在更短的时间内解决问题，尤其是在稀疏图和没有负环的情况下，执行效果是优于 Bellman-Ford 算法的。

第 36 课　迪杰斯特拉算法

导学牌

掌握迪杰斯特拉(Dijkstra)算法的基本思想及实现。

学习坊

1. 迪杰斯特拉算法

迪杰斯特拉算法是一种用于求解非负边权图上的单源最短路算法。该算法是由荷兰计算机科学家艾兹格・W. 迪杰斯特拉(Edsger W. Dijkstra)在 1956 年发明的,所以称为 Dijkstra 算法。

2. Dijkstra 算法的基本思想

Dijkstra 算法是一种贪心算法,其基本思想如下。

设置两个点集 S 和 T,分别表示已经确定最短路的节点和未确定最短路的节点。

首先,初始时集合 S 为空、集合 T 包含图上所有节点。令起点 s 的距离为 0($\text{dis}(s)=0$),其他所有节点的距离为无穷大。

然后,重复以下操作。

(1) 从集合 T 中,选取一个最短路长度最小的节点 u,移至集合 S 中。

(2) 对节点 u 连向的所有边进行松弛操作。

直到集合 T 为空。此时所有节点都在集合 S 中,这就说明它们的最短路长度都已经被确定。

最后,算法结束。

注意:Dijkstra 算法只能处理带非负边权的图。

3. Dijkstra 算法的正确性

在上述 Dijkstra 算法的基本思想中，所有节点加入集合 S 的顺序，其实就是按照它们真实最短路长度从小到大排序的顺序，而该算法又要求所有边的权值都是非负的。所以，这就意味着对于一个节点 u（假设用 dis(u)表示起点到 u 的真实最短路长度）来说，所有 dis 值大于 dis(u)的节点是不会对 u 产生更新的。

思考 1：Dijkstra 算法为什么要求所有边的边权值都是非负的？

只有在非负边权图上，才能保证 Dijkstra 算法的正确性，否则无法保证得到正确的结果。

思考 2：如果图中带有负权的边，你能构造一个使得 Dijkstra 算法不正确的例子吗？

通过观察图 36.1 可以很容易看出，从起点 a 出发，到达节点 b、c 和 d 的最短路长度分别为{3,2,3}。即如果用 dis(t)表示从起点 a 到 t 的最短路长度，那么有 dis(a)=0，dis(b)=3，dis(c)=1 和 dis(d)=3。

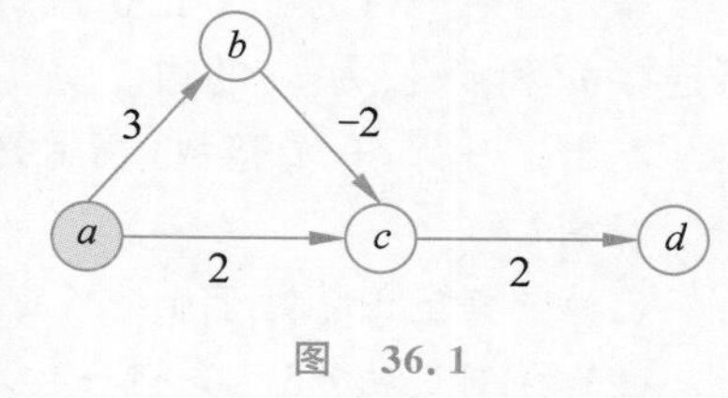

图 36.1

根据 Dijkstra 算法的基本思想，求解图 36.1 中从起点 a 到达节点 b、c 和 d 的最短路长度。具体过程如下。

(1) 设置两个点集 S 和 T，分别表示已经确定最短路的节点和未确定最短路的节点。

(2) 初始时集合 S 为空，集合 $T=\{a,b,c,d\}$。令起点 a 的距离为 0，其他所有节点的距离为∞，即 dis(a)=0，dis(b)=∞，dis(c)=∞和 dis(d)=∞。

(3) 此时集合 $S=\{a\}$，集合 $T=\{b,c,d\}$，对节点 a 连向的边进行松弛操作后，有 dis(b)=3，dis(c)=2。

(4) 取集合 T 中 dis 值最小的节点 c，移至集合 S 中，即 $S=\{a,c\}$，$T=\{b,d\}$，对节点 c 连向的边进行松弛操作后，有 dis(d)=4。

(5) 继续取集合 T 中 dis 值最小的节点 b，移至集合 S 中，即 $S=\{a,c,b\}$，$T=\{d\}$，对节点 b 连向的边进行松弛操作后，有 dis(c)=1（其实此时已经发生问题，因为节点 c 被更新了两次，但暂且忽略该问题，继续操作）。

(6) 此时集合 T 中只剩下节点 d，直接移至集合 S 中，即 $S=\{a,c,b,d\}$，T 为空。

(7) T 已为空，算法结束。

根据 Dijkstra 算法求解的最短路长度分别为 dis(a)=0，dis(b)=3，dis(c)=1 和 dis(d)=4。通过对比直接观察图 36.1 的结果可以发现，dis(4)真实最短路长度应为 3，而根据 Dijkstra 算法求解的 dis(4)却为 4。因此带负权的图 36.1 就是一个使得 Dijkstra 算法不正确的反例。

4. Dijkstra 算法思想的实现

Dijkstra 算法的实现具体如下。

```
for (int i = 1;i <= n;i++) dis[i] = inf;          //初始化所有节点的距离为∞
dis[s] = 0;                                        //令起点 s 的距离为 0
    for (int i = 1;i <= n;i++){
        int u = - 1;
        for (int j = 1;j <= n;j++) if (!vis[j]){
```

```
            if (u== -1||dis[j]< dis[u]) u = j; //找到 vis[j] = 0 的节点中 dis 值最小的节点 u
        }
        vis[u] = 1; //vis[u] = 0 表示 u 在集合 T 中,vis[u] = 1 表示 u 移至集合 S 中
        for (int j = 0;j < G[u].size();j++){
            int v = G[u][j].to,w = G[u][j].val;
            dis[v] = min(dis[v],dis[u] + w);     //对 u 连向的边进行松弛操作
        }
    }
```

Dijkstra 算法的时间复杂度为 $O(n^2+m)$，其中 n 是点数，m 是边数。

【例 36.1】 有一个 n 个点 m 条边的无向图，请求出从 s 到 t 的最短路长度。

输入：第一行为 4 个正整数 n、m、s、t。接下来 m 行，每行 3 个正整数 u、v、w，表示一条连接 u 和 v、长为 w 的边。

输出：一行，一个整数，表示答案。

说明：

(1) 数据范围：对于 100% 的数据，$1 \leqslant n \leqslant 2500$，$1 \leqslant m \leqslant 6200$，$1 \leqslant w \leqslant 1000$。

(2) 样例说明：5→6→1→4 为最短路，长度为 $3+1+3=7$。

注：题目出自 https://www.luogu.com.cn/problem/P1339。

样例输入：

```
7 11 5 4
2 4 2
1 4 3
7 2 2
3 4 3
5 7 5
7 3 3
6 1 1
6 3 4
2 4 3
5 6 3
7 2 1
```

样例输出：

```
7
```

算法解析：

根据题意，本题可以使用 Dijkstra 算法求解 s 到 t 的最短路长度，算法思想详见上述，此处略。

以样例为例，建立如图 36.2 所示。

通过观察图 36.2 发现，从起点 5 到达节点 4 的最短路长度为 7(最短路径 5→6→1→4)。使用 Dijkstra 算法的实现过程具体如下。

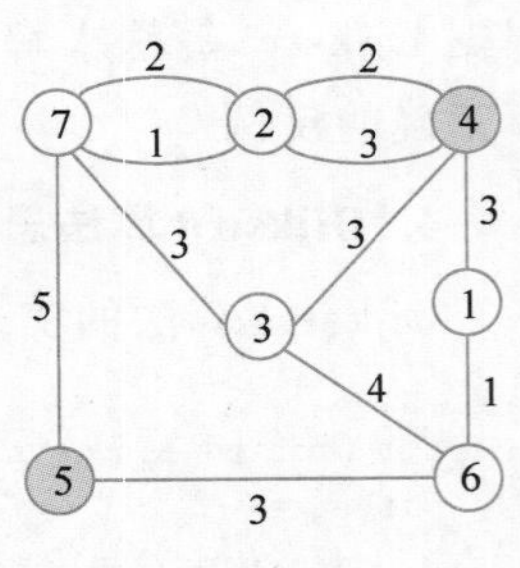

图 36.2

(1) 初始时集合 S 为空，集合 $T=\{1,2,3,4,5,6,7\}$。令 $dis(5)=0$，其他节点的距离均为 ∞，即 $dis(1)=\infty$，$dis(2)=\infty$，$dis(3)=\infty$，$dis(4)=\infty$，$dis(6)=\infty$，$dis(7)=\infty$。

(2) 做以下操作。

将起点 5 移至 S 中,即更新 $S=\{5\}$,$T=\{1,2,3,4,6,7\}$,对起点 5 连向的边进行松弛操作,则有 dis(7)=5,dis(6)=3。

从 T 中选取 dis 值最小的节点 6 移至 S 中,即更新 $S=\{5,6\}$,$T=\{1,2,3,4,7\}$,对节点 6 连向的边进行松弛操作,则有 dis(3)=7,dis(1)=4。

从 T 中选取 dis 值最小的节点 1 移至 S 中,即更新 $S=\{5,6,1\}$,$T=\{2,3,4,7\}$,对节点 1 连向的边进行松弛操作,则有 dis(4)=7。

从 T 中选取 dis 值最小的节点 7 移至 S 中,即更新 $S=\{5,6,1,7\}$,$T=\{2,3,4\}$,对节点 7 连向的边进行松弛操作,则有 dis(2)=6。

从 T 中选取 dis 值最小的节点 2 移至 S 中,即更新 $S=\{5,6,1,7,2\}$,$T=\{3,4\}$,对节点 2 连向的边进行松弛操作,则无更新。

从 T 中选取 dis 值最小的节点 4 移至 S 中,即更新 $S=\{5,6,1,7,2,4\}$,$T=\{3\}$,对节点 4 连向的边进行松弛操作,则无更新。

此时只剩下最后一个节点 3 直接移至 S 中,即更新 $S=\{5,6,1,7,2,4,3\}$,T 为空。

(3) T 为空,算法结束。最短路长度已确定。即从起点 5 到节点 4 的最短路长度为 dis(4)=7。

算法时间复杂度为 $O(n^2+m)$。

编写程序:

根据以上算法解析,可以编写程序如图 36.3 所示。

```
00 #include<bits/stdc++.h>
01 using namespace std;
02 const int maxn=3005, inf=1e9;
03 struct edge{
04     int to,val;
05 };
06 vector<edge> G[maxn];
07 bool vis[maxn];
08   //vis[u]=0表示u的最短路未确定, vis[u]=1表示已确定
09 int n,m,s,t,dis[maxn];
10 int main(){
11     cin>>n>>m>>s>>t;  //s为起点, t为终点
12     for(int i=1;i<=m;i++){
13         int u,v,w; cin>>u>>v>>w;
14         G[u].push_back((edge){v,w});
15         G[v].push_back((edge){u,w});
16     }
17     for(int i=1;i<=n;i++) dis[i]=inf;
18     dis[s]=0;
19     for(int i=1;i<=n;i++){
20         int u=-1;
21         for(int j=1;j<=n;j++) if(!vis[j]){
22             if(u==-1||dis[j]<dis[u]) u=j;
23             //找到vis[j]=0的节点中dis值最小的节点u
24         }
25         vis[u]=1;
26         for(int j=0;j<G[u].size();j++){
27             int v=G[u][j].to, w=G[u][j].val;
28             dis[v]=min(dis[v],dis[u]+w);
29             //对节点u连向的边进行松弛操作
30         }
31     }
32     cout<<dis[t]<<endl;
33     return 0;
34 }
```

图 36.3

运行结果：

```
7 11 5 4
2 4 2
1 4 3
7 2 2
3 4 3
5 7 5
7 3 3
6 1 1
6 3 4
2 4 3
5 6 3
7 2 1
7
```

在上述 Dijkstra 算法中，产生最大复杂度的是 n 轮“寻找 dis 值最小节点”的过程，用去了 n^2 的时间。现希望快速地找到 dis 值最小的节点，而非每次都要枚举所有节点。C++标准模板库(STL)中的优先队列 priority_queue 就可以实现这一功能。

5. STL 中的优先队列 priority_queue

优先队列(std::priority_queue)是一种优先级最高的元素先出的容器适配器，其底层是使用堆来实现的。priority_queue 仅支持查询或删除优先级最高的元素(堆顶元素)，不支持随机访问。同时，为了保证数据的严格有序性，也不支持迭代器。

1) priority_queue 的定义

定义降序的优先队列，即堆顶元素始终是所有元素中的最大值，通常称为大根堆。一般格式如下：

```
priority_queue <类型> 名称;                          //默认是大根堆
priority_queue <类型,容器,元素比较方式 > 名称;        //完整定义形式
```

说明：使用 priority_queue 需添加头文件 #include < queue >，或者使用万能头文件 #include < bits/stdc++.h >。

例如：

```
priority_queue < int > q;                            //表示定义一个类型为整型、名称为 q 的大根堆
priority_queue < int,vector < int >,less < int > > q;    //大根堆的完整定义形式
```

定义升序的优先队列，即堆顶元素始终是所有元素中的最小值，通常称为小根堆。一般格式如下：

```
priority_queue <类型,容器,元素比较方式 > 名称; //完整定义形式
```

例如：

```
priority_queue < int,vector < int >,greater < int > > q; //小根堆的完整定义形式
```

注意：大根堆和小根堆的第 3 个参数——元素比较方式，分别是 less <类型>和 greater <类型>。其中，less <类型>表示元素越大优先级越高(大根堆可以使用默认形式，即省略第 2 个和第 3 个参数)，greater <类型>表示元素越小优先级越高。

2) 结构体的 priority_queue 的定义

当定义结构体时，需要将对应的比较方式事先定义好，再使用 priority_queue。

结构体的大根堆定义如下：

```
struct node{
    int x,y;
};
bool operator<(const node &u,const node &v){
    if(u.x!= v.x) return u.x< v.x;
    return u.y< v.y;                //先按 x, 再按 y 比较
}
priority_queue< node > q;           //定义 node 的大根堆,堆顶元素为 node 中最大的
```

结构体的小根堆定义如下：

```
struct node{
    int x,y;
};
bool operator<(const node &u,const node &v){
    if(u.x!= v.x) return u.x> v.x;
    return u.y> v.y;              //先按 x, 再按 y 比较
}
priority_queue< node > q;         //定义 node 的小根堆,堆顶元素为 node 中最小的
```

注意：对于二元组 pair <类型 1,类型 2>这一模板类型是可以直接定义 priority_queue 的，因为 C++ 已经帮我们实现好了比较方式(先按第 1 关键字再按第 2 关键字排序)。

3) priority_queue 的常用函数

(1) push()

push(x)表示插入一个元素 x，并对底容器排序。时间复杂度为 $O(\log n)$。

(2) top()

top()表示访问堆顶元素。时间复杂度为 $O(1)$。

(3) pop()

pop()表示删除堆顶元素。时间复杂度为 $O(\log n)$。

(4) size()

size()表示查询容器中元素数量。时间复杂度为 $O(1)$。

(5) empty()

empty()表示查询容器是否为空，如果为空，返回 true；否则，返回 false。时间复杂度为 $O(1)$。

【例 36.2】 阅读图 36.4 所示程序，写出结果，并上机验证。

```
00 #include<bits/stdc++.h>
01 using namespace std;
02 priority_queue<int,vector<int>,greater<int> > q;  //定义小根堆
03 int main(){
04     q.push(3);
05     q.push(4);
06     cout<<q.top()<<endl;
07     q.push(2);
08     q.push(5);
09     cout<<q.top()<<endl;
10     while(!q.empty()){
11         cout<<q.top()<<" ";
12         q.pop();
13     }
14     return 0;
15 }
```

图 36.4

【运行结果】

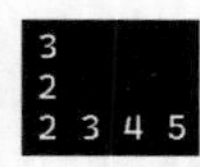

```
3
2
2 3 4 5
```

6. 堆优化 Dijkstra 算法

在 Dijkstra 算法中，我们就可以通过 priority_queue 实现快速找到最小 dis 值及其对应的节点。具体如下。

只有当每次松弛操作时，dis 值才有可能更新。如果某一节点 u 的 dis(u)值发生更新，就将二元组{dis(u)，u}放入优先队列中。

由于图中只有 m 条边，松弛操作最多进行 m 次，所以优先队列的操作次数至多为 $O(m)$。

堆优化 Dijkstra 算法的时间复杂度为 $O(m\log m)$。

【例 36.3】 给定一个 n 个点 m 条有向边的带非负权图，请计算从 s 出发，到每个点的距离。数据保证从 s 出发能到任意点。

输入：第一行为 3 个正整数 n、m、s。第二行起 m 行，每行 3 个非负整数 u_i、v_i、w_i，表示从节点 u_i 到 v_i 有一条权值为 w_i 的有向边。

输出：一行 n 个空格分隔的非负整数，表示 s 到每个点的距离。

说明：

对于 100%的数据，$1\leqslant n\leqslant 10^5$；$1\leqslant m\leqslant 2\times 10^5$；$s=1$；$1\leqslant u_i,v_i\leqslant n$；$0\leqslant w_i\leqslant 10^9$，$0\leqslant \sum w_i\leqslant 10^9$。

注：题目出自 https://www.luogu.com.cn/problem/P4779。

样例输入：

```
4 6 1
1 2 2
2 3 2
2 4 1
1 3 5
3 4 3
1 4 4
```

样例输出：

```
0 2 4 3
```

算法解析：

本题是一道求单源最短路算法的模板题。根据本题的数据范围要求，应使用堆优化 Dijkstra 算法为佳，算法详见上述介绍，此处略。

编写程序：

根据以上算法解析，可以编写程序如图 36.5 所示。

```
00  #include<bits/stdc++.h>
01  using namespace std;
02  typedef pair<int,int> pi;
03  const int maxn=2e5+5,inf=1e9+10;
04  int n,m,s,t,dis[maxn];
05  bool vis[maxn];
06  struct edge{
07      int to,val;
08  };
09  vector<edge> G[maxn];
10  priority_queue<pi,vector<pi>,greater<pi> > Q;
```

图 36.5

```
11 int main(){
12     cin>>n>>m>>s;
13     for(int i=1;i<=m;i++){
14         int u,v,w; cin>>u>>v>>w;
15         G[u].push_back((edge){v,w});
16     }
17     for(int i=1;i<=n;i++) dis[i]=inf;
18     dis[s]=0;
19     Q.push((pi){dis[s],s});  //初始时只有起点s放入优先队列中
20     while(!Q.empty()){
21         pi tmp=Q.top(); Q.pop();
22         int u=tmp.second;
23         if(vis[u]) continue;
24         vis[u]=1;
25         for(int j=0;j<G[u].size();j++){
26             int v=G[u][j].to, w=G[u][j].val;
27             if(dis[u]+w<dis[v]){
28                 dis[v]=dis[u]+w;
29                 //当dis[v]发生变化时,将新的(dis[v],v)放入优先队列中
30                 Q.push((pi){dis[v],v});
31             }
32         }
33     }
34     for(int i=1;i<=n;i++) cout<<dis[i]<<' ';
35     return 0;
36 }
```

图 36.5(续)

运行结果:

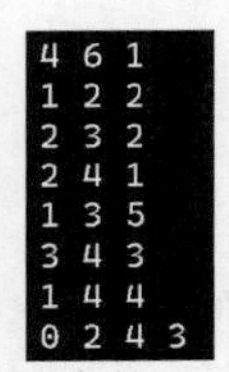

```
4 6 1
1 2 2
2 3 2
2 4 1
1 3 5
3 4 3
1 4 4
0 2 4 3
```

程序说明:

程序第 23 行须注意一个节点可能多次入队列,所以当被重复访问时直接 continue,否则时间复杂度会出问题。

7. Floyd 算法、Bellman-Ford/SPFA 算法和 Dijkstra 算法的比较

(1) Floyd 算法是一种求解多源最短路的算法,它可以处理负权,时间复杂度为 $O(n^3)$。

(2) Bellman-Ford/SPFA 算法是一种单源最短路算法,它可以处理负权,时间复杂度为 $O(nm)$。

(3) Dijkstra 算法(同 Bellman-Ford/SPFA 算法一样)也是一种单源最短路算法,注意它不可以处理负权,时间复杂度为 $O(m\log m)$。

第 37 课 租用游艇

导学牌

学会使用最短路算法解决实际问题。

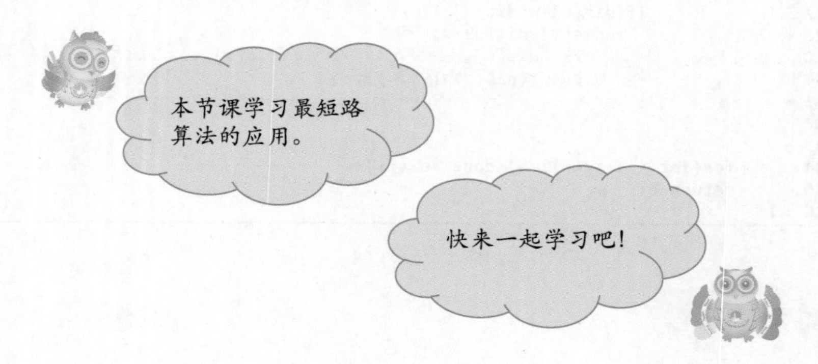

学习坊

【例 37.1】 租用游艇。长江游艇俱乐部在长江上设置了 n 个游艇出租站 $1,2,\cdots,n$。游客可在这些游艇出租站租用游艇，并在下游的任何一个游艇出租站归还游艇。游艇出租站 i 到游艇出租站 j 之间的租金为 $r(i,j)(1\leqslant i<j\leqslant n)$。试设计一个算法，计算出从游艇出租站 1 到游艇出租站 n 所需的最少租金。

输入：第一行为一个正整数 n，表示有 n 个游艇出租站。接下来 $n-1$ 行是一个半矩阵 $r(i,j)(1\leqslant i<j\leqslant n)$。

输出：从游艇出租站 1 到游艇出租站 n 所需的最少租金。

说明：对于 100% 的数据，$n\leqslant 200$，保证计算过程中任何时刻数值都不超过 10^6。

注：题目出自 https://www.luogu.com.cn/problem/P1359。

样例输入：

```
3
5 15
7
```

样例输出：

```
12
```

算法解析：

本题是一道经典的单源最短路问题。首先将游艇看作图上的节点，游艇出租站到下游游艇出租站之间连一条有向边。然后问题便转化成：读入一个带边权的有向图（用邻接矩阵存储该有向图即可），求节点 1 到 n 的最短路问题。

以样例为例，用邻接矩阵存储该有向图，如表 37.1 所示，并建立如图 37.1 所示的有向图。

表 37.1

i	j		
	1	2	3
1	0	5	15
2	0	0	7
3	0	0	0

由图 37.1 可以很容易得知，从节点 1 到 3 的最短路长度为 5＋7＝12。

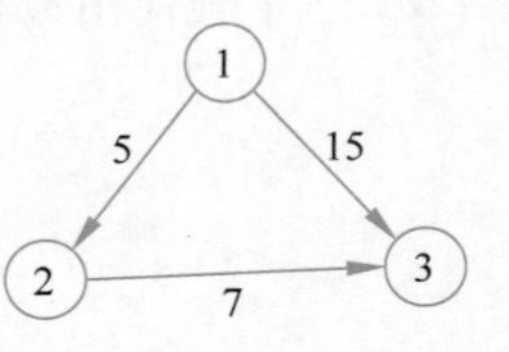

图 37.1

注意：本题可以使用任意最短路算法求解，建议读者尝试使用多种最短路算法在线提交。此处选择 Floyd 算法。

编写程序：

根据以上算法解析，可以编写程序如图 37.2 所示。

```
00 #include<bits/stdc++.h>
01 using namespace std;
02 const int inf=1e7;
03 int d[205][205],n;
04 void floyd(){
05     for(int k=1;k<=n;k++)
06       for(int i=1;i<=n;i++)
07         for(int j=1;j<=n;j++)
08           d[i][j]=min(d[i][j],d[i][k]+d[k][j]);
09 }
10 int main(){
11     cin>>n;
12     for(int i=1;i<=n;i++)
13       for(int j=1;j<=n;j++)
14         if(i!=j) d[i][j]=inf;
15     for(int i=1;i<=n;i++)
16       for(int j=i+1;j<=n;j++)
17         cin>>d[i][j]; //注意是有向边,无须双向读入数据
18     floyd();
19     cout<<d[1][n]<<endl;
20     return 0;
21 }
```

图 37.2

运行结果：

```
3
5 15
7
12
```

第38课　灾后重建

导学牌

学会使用最短路算法解决实际问题。

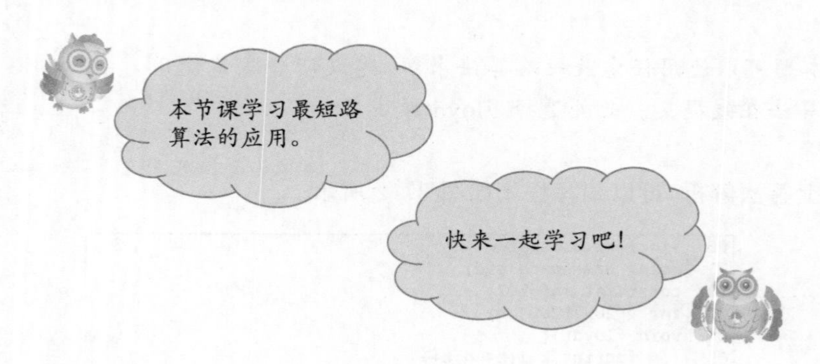

学习坊

【例38.1】　灾后重建。B地区在地震过后，所有村庄都造成了一定的损毁，而这场地震却没对公路造成什么影响。但在村庄重建好之前，所有与未重建完成的村庄的公路均无法通车。换句话说，只有连接着两个重建完成的村庄的公路才能通车，只能到达重建完成的村庄。

给出B地区的村庄数 N，村庄编号从0到 $N-1$，以及所有 M 条公路的长度，公路是双向的。并给出第 i 个村庄重建完成的时间 t_i，你可以认为是同时开始重建并在第 t_i 天重建完成，并且在当天即可通车。若 t_i 为0，则说明地震未对此地区造成损坏，一开始就可以通车。之后有 Q 个询问 (x,y,t)，对于每个询问，你要回答在第 t 天，从村庄 x 到村庄 y 的最短路径长度为多少。如果无法找到从 x 村庄到 y 村庄的路径，经过若干个已重建完成的村庄，或者村庄 x 或村庄 y 在第 t 天仍未重建完成，则需要输出 -1。

输入：第一行包含两个正整数 N 和 M，表示村庄的数目与公路的数量。第二行包含 N 个非负整数 $t_0,t_1,\cdots,t_{N-1}$，表示每个村庄重建完成的时间，数据保证 $t_0\leqslant t_1\leqslant\cdots\leqslant t_{N-1}$。

接下来 M 行，每行3个非负整数 i、j、w，w 不超过10000，表示有一条连接村庄 i 与村庄 j 的道路，长度为 w，保证 $i\neq j$，且对于任意一对村庄只会存在一条道路。

接下来一行也就是 $M+3$ 行包含一个正整数 Q，表示 Q 个询问。

接下来 Q 行，每行3个非负整数 x、y、t，询问在第 t 天，从村庄 x 到村庄 y 的最短路径长度为多少，数据保证 t 是不下降的。

输出：共 Q 行，对每一个询问 (x,y,t) 输出对应的答案，即在第 t 天，从村庄 x 到村庄 y 的最短路径长度为多少。如果在第 t 天无法找到从 x 村庄到 y 村庄的路径，经过若干个已重建完成的村庄，或村庄 x 或村庄 y 在第 t 天仍未修复完成，则输出−1。

说明：对于 30%的数据，有 $N \leqslant 50$；对于 30%的数据，有 $t_i=0$，其中有 20%的数据有 $t_i=0$ 且 $N>50$；对于 50%的数据，有 $Q \leqslant 100$；对于 100%的数据，有 $1 \leqslant N \leqslant 200$，$0 \leqslant M \leqslant \frac{N \times (N-1)}{2}$，$1 \leqslant Q \leqslant 50000$，所有输入数据涉及整数均不超过 10^5。

注：题目出自 https://www.luogu.com.cn/problem/P1119。

样例输入：

```
4 5
1 2 3 4
0 2 1
2 3 1
3 1 2
2 1 4
0 3 5
4
2 0 2
0 1 2
0 1 3
0 1 4
```

样例输出：

```
-1
-1
5
4
```

算法解析：

本题的题意可以简单概括为：有 n 个村庄 m 条公路，每条公路连接两个村庄。灾情后，村庄 i 需要在时间 t_i 后才可以通车。现有 Q 组询问，每组询问 (x,y,t) 回答在第 t 天，从村庄 x 到村庄 y 的最短路长度，若 x 和 y 之间没有路径输出−1。

由以上题意概括很容易想到，对每组询做一遍 Floyd 即可，但如果使用该方法求解 Q 组询问的最短路长度，必定会超时（时间复杂度达到 $O(Qn^3)$）。因此需要优化时间复杂度。

题目要求村庄需按时间顺序（数据保证 t 从小到大排序，若未保证需先按时间排序）进行通车。也就是说，在某一时刻 t，一定是前若干个村庄已通车，其余村庄未通车。那么，对于一组询问 (x,y,t)，找到满足条件 $t_k \leqslant t < t_{k+1}$ 时的 k，表示在 t 时刻，编号不超过 k 的村庄都通车了，其余村庄未通车。由此询问转化为从 x 到 y 且途径编号不超过 k 的最短路长度，恰好就是 Floyd 算法中定义的状态 $f(k,x,y)$。即在用 Floyd 求解时不省略第一维即可。

此时时间复杂度已优化到 $O(n^3)$。

以样例为例建立图 38.1，图上的节点表示 4 个村庄，边表示公路，边权表示长度，为便于算法实现，将下标从 0 转换成从 1 开始，即读入节点时均做加 1 操作。

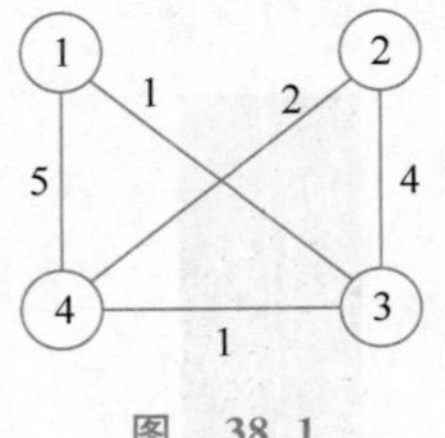

图 38.1

现有 4 组询问（询问时节点下标同样做加 1 操作），具体过程如下。

第 1 组询问 $(3,1,2)$，表示在时刻 $t=2$ 时，编号不超过 2 的村庄通车了，但村庄（节点）3 还未通车，所以输出−1。

第 2 组询问 $(1,2,2)$，表示在时刻 $t=2$ 时，编号不超过 2 的村庄通车了，但村庄 1 和村庄 2 之间不存在路径，所以输出−1。

第 3 组询问 $(1,2,3)$，由于在时刻 $t=3$ 时，编号不超过 3 的村庄通车了，所以有 $f(3,1,$

2)＝5(从村庄 1 走到 2，途经村庄编号不超过 3 的最短路长度为 5，该路径为 1→3→2)。

第 4 组询问(1,2,4)，由于在时刻 $t=4$ 时，编号不超过 4 的村庄通车了，所以有 $f(4,1,2)=4$(从村庄 1 走到 2，途经村庄编号不超过 4 的最短路长度为 4，该路径为 1→3→4→2)。

注意：本题考察读者是否真正理解了 Floyd 算法的本质意义(三维状态下的含义)，如果只是简单地记忆而非真正理解 Floyd 算法优化后的二维状态，那么是无法通过本题在线提交的。另外，本题的节点是按 0 到 $n-1$ 编号的，但使用算法解题时均作加 1 操作，即将节点按 1 到 n 进行重新编号，其目的是避免出现数组下标为 -1 的越界错误。在今后的学习中，遇到此类问题，均可按照这样的方式给节点重新编号。

编写程序：

根据以上算法解析，可以编写程序如图 38.2 所示。

```
00 #include<bits/stdc++.h>
01 using namespace std;
02 const int inf=1e8;
03 int w[205][205],f[205][205][205],n,m,t[205];
04 int main(){
05     cin>>n>>m;
06     for(int i=1;i<=n;i++) cin>>t[i];
07     for(int i=1;i<=n;i++)
08       for(int j=1;j<=n;j++)
09         if(i!=j) w[i][j]=inf;
10     for(int i=1;i<=m;i++){
11         int x,y,z; cin>>x>>y>>z;
12         x++; y++;    //下标按1~n重新编号
13         w[x][y]=w[y][x]=z;
14     }
15     for(int i=1;i<=n;i++)
16       for(int j=1;j<=n;j++)
17         f[0][i][j]=w[i][j];
18     for(int k=1;k<=n;k++)
19       for(int i=1;i<=n;i++)
20         for(int j=1;j<=n;j++)
21           f[k][i][j]=min(f[k-1][i][j],f[k-1][i][k]+f[k-1][k][j]);
22     int Q; cin>>Q;
23     while(Q--){
24         int x,y,T; cin>>x>>y>>T; x++; y++;
25         int k=0; while(k<n&&t[k+1]<=T) k++;
26         if(x<=k&&y<=k&&f[k][x][y]<inf) cout<<f[k][x][y]<<endl;
27         else cout<<-1<<endl;
28     }
29     return 0;
30 }
```

图 38.2

运行结果：

```
4 5
1 2 3 4
0 2 1
2 3 1
3 1 2
2 1 4
0 3 5
4
2 0 2
-1
0 1 2
-1
0 1 3
5
0 1 4
4
```

第 39 课　邮递员送信

导学牌

学会使用最短路算法解决实际问题。

学习坊

【例 39.1】　邮递员送信。有一个邮递员要送东西，邮局在节点 1。他总共要送 $n-1$ 样东西，其目的地分别是节点 2 到节点 n。由于这个城市的交通比较繁忙，因此所有的道路都是单行的，共有 m 条道路。这个邮递员每次只能带一样东西，并且运送每件物品过后必须返回邮局。求送完这 $n-1$ 样东西并且最终回到邮局最少需要的时间。

输入：第一行包括两个整数 n 和 m，表示城市的节点数量和道路数量。第二行到第 $m+1$ 行，每行 3 个整数 u、v、w，表示从 u 到 v 有一条通过时间为 w 的道路。

输出：一个整数，为最少需要的时间。

说明：对于 30%的数据，$1 \leqslant n \leqslant 200$。对于 100%的数据，$1 \leqslant n \leqslant 10^3$，$1 \leqslant m \leqslant 10^5$，$1 \leqslant u, v \leqslant n$，$1 \leqslant w \leqslant 10^4$，输入保证任意两点都能互相到达。

注：题目出自 https://www.luogu.com.cn/problem/P1629。

样例输入：

```
5 10
2 3 5
1 5 5
3 5 6
1 2 8
1 3 8
5 3 4
4 1 8
```

样例输出：

```
83
```

```
4 5 3
3 5 6
5 4 2
```

算法解析：

根据题意，假设使用 dis(1,i)表示从起点 1 出发到其他节点 i(i=2,…,n)运送物品所需的时间，反之 dis(i,1)表示从节点 i 返回起点 1 所需要的时间。那么，所求答案 ans 为

$$\text{ans}=\text{dis}(1,2)+\text{dis}(1,3)+\cdots+\text{dis}(1,n)+\text{dis}(2,1)+\text{dis}(3,1)+\cdots+\text{dis}(n,1)$$

其中，dis(1,2)+dis(1,3)+…+dis(1,n)可以通过从起点 1 出发做单源最短路即可。

思考：如何求 dis(2,1)+dis(3,1)+…+dis(n,1)呢？

建立反向图。原图中节点 i 到起点 1 的最短路等于反向图中起点 1 到节点 i 的最短路。

然后，对反向图，再从起点 1 出发做一次单源最短路即可。

编写程序：

根据以上算法解析，可以编写程序如图 39.1 所示。

```
00 #include<bits/stdc++.h>
01 #define F first
02 #define S second
03 using namespace std;
04 const int inf=1e7, maxn=1e3+5;
05 typedef pair<int,int> pi;
06 int n,m,dis[maxn];
07 bool vis[maxn];
08 priority_queue<pi,vector<pi>,greater<pi> > Q;
09 struct edge{
10     int to,val;
11 };
12 vector<edge> G[maxn],H[maxn]; //反向图
13 long long ans=0;
14 int main(){
15     cin>>n>>m;
16     for(int i=0;i<m;i++){
17         int u,v,w; cin>>u>>v>>w;
18         G[u].push_back((edge){v,w});
19         H[v].push_back((edge){u,w});
20     }
21     for(int i=1;i<=n;i++) dis[i]=inf, vis[i]=0;
22     dis[1]=0; Q.push((pi){0,1});
23     while(!Q.empty()){
24         pi tmp=Q.top(); Q.pop();
25         int u=tmp.S;
26         if(vis[u]) continue; vis[u]=1;
27         for(int i=0;i<G[u].size();i++){
28             int v=G[u][i].to, w=G[u][i].val;
29             if(dis[v]>dis[u]+w){
30                 dis[v]=dis[u]+w;
31                 Q.push((pi){dis[v],v});
32             }
33         }
34     }
35     for(int i=1;i<=n;i++) ans+=dis[i];
36     //对反向图做单源最短路
37     for(int i=1;i<=n;i++) dis[i]=inf, vis[i]=0;
38     dis[1]=0; Q.push((pi){0,1});
39     while(!Q.empty()){
40         pi tmp=Q.top(); Q.pop();
41         int u=tmp.S;
42         if(vis[u]) continue; vis[u]=1;
```

图 39.1

```
43      for(int i=0;i<H[u].size();i++){
44          int v=H[u][i].to, w=H[u][i].val;
45          if(dis[v]>dis[u]+w){
46              dis[v]=dis[u]+w;
47              Q.push((pi){dis[v],v});
48          }
49      }
50  }
51  for(int i=1;i<=n;i++) ans+=dis[i];
52  cout<<ans<<endl;
53  return 0;
54 }
```

图 39.1(续)

运行结果:

```
5 10
2 3 5
1 5 5
3 5 6
1 2 8
1 3 8
5 3 4
4 1 8
4 5 3
3 5 6
5 4 2
83
```

第 40 课　金字塔问题

导学牌

学会使用最短路算法解决实际问题。

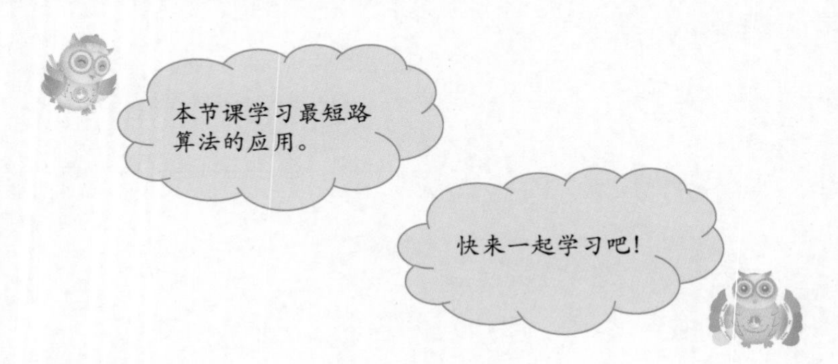

学习坊

【例 40.1】　金字塔问题。有一盗墓者潜入一金字塔盗宝。当他打开一个宝箱时，突然冒出一阵烟，他迅速意识到形势不妙，三十六计走为上计……由于他盗得了金字塔的地图，所以他希望能找出最佳逃跑路线。地图上标有 N 个室，他现在就在 1 室，金字塔的出口在 N 室。他知道一个秘密：那阵烟会让他在直接连接某两个室之间的通道内的行走速度减半。他希望找出一条逃跑路线，使得在最坏的情况下所用的时间最少。

输入：第一行有两个正整数 $N(3 \leqslant N \leqslant 100)$ 和 $M(3 \leqslant M \leqslant 2000)$；下面有 M 行，每行有 3 个数正整数 U、V、W，表示直接从 U 室跑到 V 室（V 室跑到 U 室）需要 $W(3 \leqslant W \leqslant 255)$ 秒。

输出：一个整数，所求的最短时间（单位为秒）。

说明：样例解释如图 40.1 所示，基本上有以下 3 种路线。

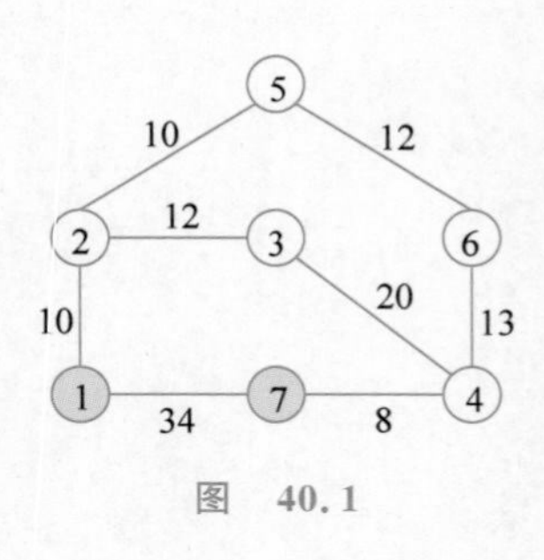

图　40.1

(1) 1→2→3→4→7。

总时间为 10+12+20+8=50，最坏的情况是 3→4 那一段，要多花 20 秒（因为行走速度减半），所以这条路选最坏需要 70 秒。

(2) 1→2→5→6→4→7。

总时间为 10+10+12+13+8=53，最坏的情况是 6→4 那一段，要多花 13 秒，所以这条路选最坏需要 66 秒。

(3) 1→7。

总时间为 34=34，最坏的情况是 1→7 那一段，要多花 34 秒，所以这条路选最坏需要

68 秒。

注：题目出自 https://www.luogu.com.cn/problem/P2349。

样例输入：

```
7 8
1 2 10
2 3 12
3 4 20
4 7 8
1 7 34
2 5 10
5 6 12
6 4 13
```

样例输出：

```
66
```

算法解析：

根据题意，在最坏的情况，边权最大的两个密室的通行速度减半，即这两个密室的通行时间是原时间(最大边权)的 2 倍。也就是说一条(起点 1 到终点 n)路径的通行时间等于总边权之和＋最大边权。

思考：该如何找到一条路径，使得在最坏的情况下通行时间最少？

由于本题中至多只有 W 种权值且 W 范围较小(仅为 $3 \leqslant W \leqslant 255$)，所以可以考虑直接枚举最大边权。当枚举最大边权为 x 时，只保留所有边权小于等于 x 的边，做最短路即可。

本题数据范围较小，既可以使用堆优化 Dijkstra 算法，也可以使用非优化 Dijkstra 算法求解答案。此处选择后者，单次 Dijkstra 算法的时间复杂度为 $O(N^2+M)$，总的时间复杂度为 $O(W \times (N^2+M))$。

编写程序：

根据以上算法解析，可以编写程序如图 40.2 所示。

```
00 #include<bits/stdc++.h>
01 using namespace std;
02 const int inf=1e7;
03 bool vis[105];
04 int dis[105],G[105][105],n,m;
05 int main(){
06     cin>>n>>m;
07     for(int i=1;i<=n;i++)
08       for(int j=1;j<=n;j++)
09         G[i][j]=inf;
10     while(m--){
11         int u,v,w; cin>>u>>v>>w;
12         G[u][v]=min(G[u][v],w); //邻接矩阵
13         G[v][u]=min(G[v][u],w);
14     }
15     int ans=inf;
16     for(int k=2;k<=255;k++){    //枚举边权
17         for(int i=1;i<=n;i++) dis[i]=inf,vis[i]=0;
18         dis[1]=0;
19         for(int i=1;i<=n;i++){
20             int u=-1;
21             for(int j=1;j<=n;j++) if(!vis[j]){
22                 if(u==-1||dis[j]<dis[u]) u=j;
23             }
```

图 40.2

```
24                vis[u]=1;
25                for(int v=1;v<=n;v++)
26                  if(G[u][v]<=k) dis[v]=min(dis[v],dis[u]+G[u][v]);
27            }
28            ans=min(ans,dis[n]+k);
29        }
30        cout<<ans<<endl;
31        return 0;
32    }
```

图 40.2（续）

运行结果：

```
5 10
2 3 5
1 5 5
3 5 6
1 2 8
1 3 8
5 3 4
4 1 8
4 5 3
3 5 6
5 4 2
83
```

第 41 课　最短路计数

导学牌

学会使用最短路算法解决实际问题。

学习坊

【例 41.1】　最短路计数。给出一个 N 个顶点、M 条边的无向无权图,顶点编号为 1～N。问从顶点 1 开始,到其他每个点的最短路有几条。

输入:第一行包含 2 个正整数 N 和 M,表示图的顶点数与边数。接下来 M 行,每行 2 个正整数 x 和 y,表示有一条连接顶点 x 和顶点 y 的边,请注意可能有自环与重边。

输出:共 N 行,每行一个非负整数,第 i 行输出从顶点 1 到顶点 i 有多少条不同的最短路,由于答案有可能会很大,你只需要输出 ans mod 100003 后的结果即可。如果无法到达顶点 i,则输出 0。

说明:

(1) 样例解释:1 到 5 的最短路有 4 条,分别为 2 条 1→2→4→5 和 2 条 1→3→4→5(由于 4→5 的边有 2 条)。

(2) 数据范围:对于 20% 的数据,$1 \leqslant N \leqslant 100$;对于 60% 的数据,$1 \leqslant N \leqslant 10^3$;对于 100% 的数据,$1 \leqslant N \leqslant 10^6$,$1 \leqslant M \leqslant 2 \times 10^6$。

注:题目出自 https://www.luogu.com.cn/problem/P1144。

样例输入:

```
5 7
1 2
1 3
2 4
3 4
2 3
```

样例输出:

```
1
1
1
2
4
```

```
4 5
4 5
```

算法解析：

根据题意，本题直接做 BFS 求最短路即可（因为边权都为 1）。

首先，假设使用 cnt[u]表示节点 1 到 u 的最短路个数；dis[u]表示节点 1 到 u 的最短路距离。

然后，在 BFS 过程中，每当找到一条边(u,v)满足 dis[v]=dis[u]+1 时，令 cnt[v]=cnt[v]+cnt[u]。

最后，直接输出 cnt[i]即可(cnt[i]表示节点 1 到节点 i 的最短路径数)。

边界情况：dis[1]=0 表示从节点 1 出发到自己的距离为 0，cnt[1]=1 表示从节点 1 到自己的路径个数为 1。

以样例为例，建立如图 41.1 所示的图。

观察图 41.1 可以发现，从节点 1 出发到节点{2，3,4,5}的最短路径数分别为{1,1,2,4}。

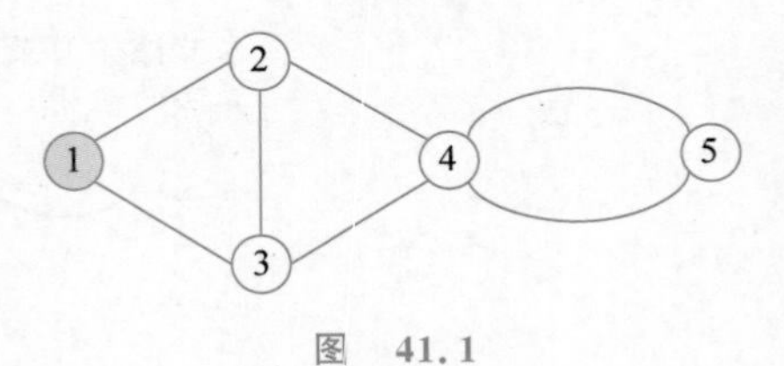

图 41.1

注意：最短路计数问题其实可以看成一个 DP 问题，即按照距离从小到大的顺序计算每个 DP 值。另外，本题中要求如果从节点 1 无法到节点 i，则输出 0，此处无须做任何处理，这是因为 cnt[i]默认的是 0。但如果要求输出的是−1，还需另作特判处理。

编写程序：

根据以上算法解析，可以编写程序如图 41.2 所示。

```
00 #include<bits/stdc++.h>
01 using namespace std;
02 const int maxn=1e6+5;
03 const int mod=100003;
04 vector<int> G[maxn];
05 int n,m,dis[maxn], cnt[maxn];
06 int main(){
07     scanf("%d%d",&n,&m);
08     for(int i=1;i<=m;i++){
09         int u,v; scanf("%d%d",&u,&v);
10         G[u].push_back(v);
11         G[v].push_back(u);
12     }
13     memset(dis,-1,sizeof(dis));
14     dis[1]=0; cnt[1]=1;
15     queue<int> q; q.push(1);
16     while(!q.empty()){
17         int u=q.front(); q.pop();
18         for(int i=0;i<G[u].size();i++){
19             int v=G[u][i];
20             if(dis[v]==-1){
21                 dis[v]=dis[u]+1;
22                 cnt[v]=cnt[u]; //第一次找到的路径
23                 q.push(v);
24             }else if(dis[u]+1==dis[v]){
25                 cnt[v]=(cnt[v]+cnt[u])%mod;
26             }
27         }
28     }
29     for(int i=1;i<=n;i++) printf("%d\n",cnt[i]);
30     return 0;
31 }
```

图 41.2

运行结果：

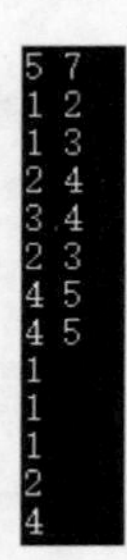

```
5 7
1 2
1 3
2 4
3 4
2 3
4 5
4 5
1
1
1
2
4
```

程序说明：

当数据的读入和输出量较大时，建议使用语句 scanf()和 printf()分别进行读入和输出；否则，程序无法通过在线提交。

第 42 课　算法实践园

导学牌

学会多种最短路算法解决实际问题。

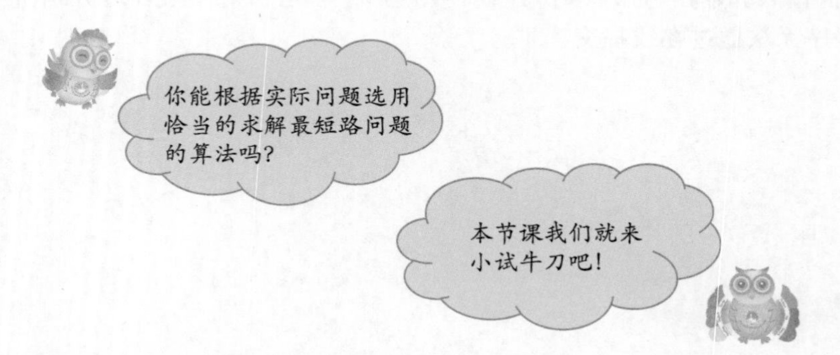

实践园一：道路修建

【题目描述】　从前，在一个王国中，在 n 个城市间有 m 条道路连接，而且任意两个城市之间至多有一条道路直接相连。在经过一次严重的战争之后，有 d 条道路被破坏了。国王想要修复国家的道路系统，现在有两个重要城市 A 和 B 之间的交通中断，国王希望尽快恢复两个城市之间的连接。你的任务就是修复一些道路使 A 与 B 之间的连接恢复，并要求修复的道路长度最小。

输入：第一行为一个整数 $n(2<n\leqslant100)$，表示城市的个数。这些城市编号从 1 到 n。第二行为一个整数 $m(n-1\leqslant m\leqslant1/2n(n-1))$，表示道路的数目。

接下来的 m 行，每行 3 个整数 i、j、$k(1\leqslant i,j\leqslant n,i\neq j,0<k\leqslant100)$，表示城市 i 与 j 之间有一条长为 k 的道路相连。

接下来一行为一个整数 $d(1\leqslant d\leqslant m)$，表示战后被破坏的道路的数目。在接下来的 d 行中，每行两个整数 i 和 j，表示城市 i 与 j 之间直接相连的道路被破坏。

最后一行为两个整数 A 和 B，代表需要恢复交通的两个重要城市。

输出：一个整数，表示恢复 A 与 B 间的交通需要修复的道路总长度的最小值。

注：题目出自 https://www.luogu.com.cn/problem/P3905。

样例输入：

```
3
2
1 2 1
2 3 2
```

样例输出：

```
1
```

```
1
1 2
1 3
```

算法提示：

若初始时所有道路都损坏了，则问题相当于找到一条 A 到 B 的路径并将路径上每条道路都修复。即求 A 到 B 的最短路。

由题意可知，现有部分道路未损坏，需要找一条 A 到 B 的路径，并修复该路径上所有损坏的道路。换句话说，对于未损坏的道路，修复它的代价为 0，因此可以考虑以下建图。

(1) 如果 (u,v) 之间有一条未损坏的道路，则在 u 和 v 之间连一条边权为 0 的边。

(2) 如果 (u,v) 之间有一条损坏的道路，则在 u 和 v 之间连一条边权为 $w(u,v)$ 的边。

再对该图的 A 到 B 求最短路即可。

本题使用 Floyd 算法求解 A 到 B 的最短路，时间复杂度为 $O(n^3)$。

实践园一参考程序：

```
#include<bits/stdc++.h>
using namespace std;
const int inf = 1e9;
int w[205][205],d[205][205],n,m;
int main(){
    cin>>n>>m;
    for(int i = 1;i <= n;i++)
      for(int j = 1;j <= n;j++)
        if(i!= j) d[i][j] = inf;
    for(int i = 1;i <= m;i++){
        int x,y,z; cin>>x>>y>>z;
        w[x][y] = w[y][x] = z;
        d[x][y] = d[y][x] = 0;
    }
    int k;
    cin>>k;
    for(int i = 1;i <= k;i++){
        int x,y; cin>>x>>y;
        d[x][y] = w[x][y];
        d[y][x] = w[y][x];
    }
    for(int k = 1;k <= n;k++)
      for(int i = 1;i <= n;i++)
        for(int j = 1;j <= n;j++)
          d[i][j] = min(d[i][j],d[i][k] + d[k][j]);
    int A,B; cin>>A>>B;
    cout<<d[A][B]<<endl;
    return 0;
}
```

实践园二：休息中的小呆

【题目描述】 当大家在考场中接受考验的时候，小呆正在悠闲地玩一个叫“最初梦想”的游戏。游戏描述的是一个叫帕斯的有志少年在不同的时空穿越对抗传说中的大魔王的故事。小呆发现这个游戏的故事流程设计得很复杂，它有着很多的分支剧情，但不同的分支剧情是可以同时进行的，因此游戏可以由剧情和剧情的结束点组成，某些剧情必须要在一些特定的剧情结束后才能继续发展。为了体验游戏的完整性，小呆决定要看到所有的分支剧情——完成所有的任务。但这样做会不会耽误小呆宝贵的睡觉时间呢？所以请你来解决这个问题。

输入：小呆会给你一个剧情流程和完成条件的列表，其中第一行为一个数 n，表示总共有 $n+1$ 个剧情结束点；第二行为一个数 m，表示有 m 个不同的剧情；下面 m 行中每行有 3 个数，表示从剧情结束点 i 必须完成一个耗费时间为 k 的剧情才能到达剧情结束点 j。

输出：你要告诉小呆完成整个游戏至少需要多少时间，以及要经过的所有可能的剧情结束点(按升序输出)。

说明：对于 100% 的数据，$0<n<100$，$0<m\leqslant 120$，$0<i\leqslant 100$，$0<j\leqslant 100$，$0<k\leqslant 1000$。

注：题目出自 https://www.luogu.com.cn/problem/P1476。

样例输入：

```
4
5
1 2 2
2 3 2
3 5 3
1 4 3
4 5 3
```

样例输出：

```
7
1 2 3 5
```

算法提示：

本题大意是有 $n+1$ 个剧情结束点和 m 个剧情，一个剧情(i,j,k)表示花费 k 的时间，可以从剧情结束点 i 到达剧情结束点 j。现从剧情结束点 1 出发找一条路径，要求花费最多的时间到达剧情结束点 $n+1$。同时要求输出所有可能经过的剧情结束点。

问题转化到求图上节点 1 到节点 $n+1$ 的最长路问题(注意节点 1 到 $n+1$ 的最长路可能不止一条)，同时求出所有可能在节点 1 到 $n+1$ 最长路上的节点。如果一个节点 u 出现在节点 1 到 $n+1$ 的一条最长路上($1\to\cdots\to u\to\cdots\to n+1$)，则要求 $d(1,u)+d(u,n+1)=d(1,n+1)$。本题使用 Floyd 算法求出所有点对之间的最长路，然后输出满足上述要求的所有节点即可。

注意：最短路和最长路是对称的，求最长路时直接将边权 w 取相反数 $-w$ 转化成求最短路，最后输出最长路时也相应取相反数即可。如程序的第 12、18 行所示。

实践园二参考程序：

```
#include <bits/stdc++.h>
using namespace std;
const int inf = 1e9;
int d[105][105],n,m;
int main(){
    cin >> n >> m;
```

```
    for(int i = 1;i <= n + 1;i++)
      for(int j = 1;j <= n + 1;j++)
        if(i!= j) d[i][j] = inf;
    for(int i = 1;i <= m;i++){
        int u,v,w; cin >> u >> v >> w;
        d[u][v] = min(d[u][v], - w);
    }
    for(int k = 1;k <= n + 1;k++)
      for(int i = 1;i <= n + 1;i++)
        for(int j = 1;j <= n + 1;j++)
          d[i][j] = min(d[i][j],d[i][k] + d[k][j]);
    cout << - d[1][n + 1]<< endl;            //输出最长路
    for(int i = 1;i <= n + 1;i++)
      if(d[1][i] + d[i][n + 1] == d[1][n + 1]) cout << i <<' ';
    cout << endl;
    return 0;
}
```

实践园三：最小花费

【题目描述】 在 n 个人中，某些人的银行账号之间可以互相转账。这些人之间转账的手续费各不相同。给定这些人之间转账时需要从转账金额里扣除的手续费，请问 A 最少需要多少钱使得转账后 B 收到 100 元。

输入： 第一行输入两个正整数 n 和 m，分别表示总人数和可以互相转账的人的对数。以下 m 行每行输入 3 个正整数 x、y、z，表示标号为 x 的人和标号为 y 的人之间互相转账需要扣除 z%的手续费($0\leqslant z<100$)。

最后一行输入两个正整数 A 和 B。数据保证 A 与 B 之间可以直接或间接地转账。

输出： 输出 A 使得 B 到账 100 元最少需要的总费用。精确到小数点后 8 位。

说明： 对于 100%的数据，$1\leqslant n\leqslant 2000$，$m\leqslant 100000$。

注： 题目出自 https://www.luogu.com.cn/problem/P1576。

样例输入：

```
3 3
1 2 1
2 3 2
1 3 3
1 3
```

样例输出：

```
103.07153164
```

算法提示：

根据题意，令 $f(x)$ 表示 A 至少需要多少钱可以通过转账使得 x 获得 100 元。

初始时设 $f(x)=100$，其余 $f(x)=\infty$。对于一条转账关系(x,y,z)，可以做以下松弛操作：

$$f(y)=\min\left(f(y),\frac{100}{100-z}\cdot f(x)\right)$$

由于手续费 z 的范围为 $0<z<100$，故当且仅当 $f(y)>f(x)$时才会发生以上松弛操作。

本题使用 Dijkstra 算法，按照 $f(x)$从小到大的顺序，求出每个节点的 $f(x)$的值。

时间复杂度为 $O(n^2+m)$或($m\log m$)。

注意：本题不能简单地将手续费当成边权，如图 42.1 所示，以样例为例，具体边权如下。

$$w(1,2)=f(1)*100/(100-1)$$

$$w(2,3)=f(2)*100/(100-2)$$

$$w(1,3)=f(1)*100/(100-3)$$

从 $A=1$ 到 $B=3$ 进行转账，共有两条路径，分别为路径 1→2→3 和路径 1→3。即通过这两条路径可以使得转账后得到 100 元，假设 $f(A)=f(1)=100$，具体方式如下。

路径 1→2→3 的转账为

$$f(1)*100/(100-1)*100/(100-2)=100*(100/99)*(100/98)\approx 103.07153164$$

路径 1→3 的转账为

$$f(1)*100/(100-3)\approx 103.09278351$$

答案为 $f(B)=f(3)=103.07153164$（选取手续费较小的路径 1→2→3），即从 A 到 B（或者 B 到 A）进行转账，总费用的初始值为 103.07153164 元，才能保证转账后得到 100 元。

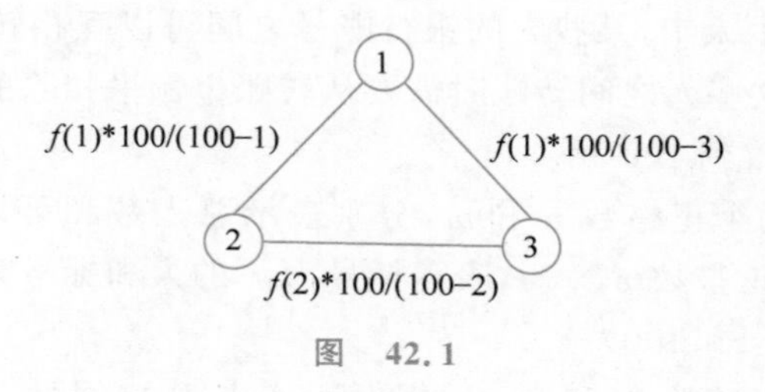

图 42.1

实践园三参考程序：

```
#include<bits/stdc++.h>
using namespace std;
const int maxn = 2e3 + 5;
const double inf = 1e20;
int G[maxn][maxn];
double f[maxn];
bool vis[maxn];
int A,B,n,m;
int main(){
    cin>>n>>m;
    for(int i = 1;i<=n;i++)
      for(int j = 1;j<=n;j++)
        G[i][j] = 100;
    for(int i = 1;i<=m;i++){
        int x,y,z; cin>>x>>y>>z;
        G[x][y] = min(G[x][y],z);
        G[y][x] = min(G[y][x],z);
    }
    cin>>A>>B;
    for(int i = 1;i<=n;i++) f[i] = inf; f[A] = 100;
    for(int i = 1;i<=n;i++){
```

```
        int p = -1;
        for(int j = 1;j <= n;j++) if(!vis[j]){
            if(p == -1||f[p]> f[j]) p = j;
        }
        vis[p] = 1;
        for(int j = 1;j <= n;j++)
          if(G[p][j]< 100) f[j] = min(f[j],f[p] * 100/(100 - G[p][j]));
    }
    printf("%.8f\n",f[B]);
    return 0;
}
```

实践园四：调手表

【题目描述】 小明买了块高端大气上档次的电子手表，他正准备调时间呢。在M78星云，时间的计量单位和地球上不同，M78星云的一个小时有n分钟。大家都知道，手表只有一个按钮可以把当前的数加一。在调分钟时，如果当前显示的数是0，那么按一下按钮就会变成1，再按一次变成2。如果当前的数是$n-1$，按一次后会变成0。

小明要把手表的时间调对。如果手表上的时间比当前时间多1，则要按$n-1$次加一按钮才能调回正确时间。

小明想，如果手表可以再添加一个按钮，表示把当前的数加k该多好。

他想知道，如果有了这个$+k$按钮，按照最优策略按键，从任意一个分钟数调到另外任意一个分钟数最多要按多少次。

注意：按$+k$按钮时，如果加k后数字超过$n-1$，则会对n取模。

比如$n=10$，$k=6$的时候，假设当前时间是0，连按2次$+k$按钮，调为2。

输入：一行两个整数n和k。

输出：一行一个整数n。表示按照最优策略按键，从一个时间调到另一个时间最多要按多少次。

说明：

(1) 样例解释：如果时间正确，则按0次；否则，要按的次数和操作系列之间的关系如下。

① +1

② +1，+1

③ +3

④ +3，+1

(2) 数据范围：对于30%的数据$0<k<n\leqslant 5$；对于60%的数据$0<k<n\leqslant 1000$；对于100%的数据$0<k<n\leqslant 10^5$。时间限制3s，空间限制256MB。

注：题目出自https://www.luogu.com.cn/problem/P8674。

样例输入：

```
5 3
```

样例输出：

```
2
```

算法提示：

首先假设每个时刻代表图上的一个节点，然后将节点 x 向节点 $(x+1) \bmod n$ 和 $(x+k) \bmod n$ 分别连一条有向边。

问题等价于求出图上任意两个节点之间最短路的最大值，即 $\max_{0\leqslant x,y\leqslant n}\{\text{dis}(x,y)\}$。

由题意很容易发现有 $\text{dis}(x,y)=\text{dis}(0,(y-x) \bmod n)$。例如，从时刻 30→45 等价于 0→15。所以本题只需要以 0 号节点为起点，直接做一遍 BFS 求最短路，然后输出所有距离的最大值即可。

实践园四参考程序：

```
#include <bits/stdc++.h>
#define pb push_back
using namespace std;
const int maxn = 1e5 + 5;
int n,k,dis[maxn];
vector<int> G[maxn];
int main(){
    cin >> n >> k;
    memset(dis, - 1,sizeof(dis));
    for(int i = 0;i < n;i++){
        G[i].pb((i + 1) % n);
        G[i].pb((i + k) % n);
    }
    queue<int> q;
    dis[0] = 0; q.push(0);          //从 0 号节点做 BFS
    while(!q.empty()){
        int u = q.front(); q.pop();
        for(int i = 0;i < G[u].size();i++){
            int v = G[u][i];
            if(dis[v] == - 1){
                dis[v] = dis[u] + 1;
                q.push(v);
            }
        }
    }
    int ans = 0;
    for(int i = 0;i < n;i++) ans = max(ans,dis[i]);
    cout << ans << endl;
    return 0;
}
```

实践园五：路径统计

【题目描述】 RP 餐厅的员工将自己居住的城市画了一张地图，已知在他们的地图上，有 N 个地方，而且他们目前处在标注为 1 的小镇上，而送餐的地点在标注为 N 的小镇。除此之外，他们还知道这些道路都是单向的，从小镇 I 到 J 需要花费 $D[I,J]$ 的时间，为了更高效、快捷地将快餐送到顾客手中，他们想走一条从小镇 1 到小镇 N 花费时间最少的一条路，但是他们临出发前，撞到因为在路上堵车而生气的末末，深受启发，不能仅知道一条路线。于是，他们邀请末末一起来研究下一个问题：这个时间花费最少的路径有多少条？

输入：第一行为两个空格隔开的数 N 和 E，表示这张地图里有多少个小镇及有多少条路的信息。下面 E 行，每行 3 个数 I、J、C，表示从 I 小镇到 J 小镇有道路相连且花费时间为 C。

注意：数据提供的边信息可能会重复，不过保证 $I \neq J$，$1 \leqslant I, J \leqslant N$。

输出：包含两个数，分别是最少花费的时间和花费时间最少的路径的总数。保证花费时间最少的路径的总数不超过 2^{30}。两个不同的最短路方案要求：路径长度相同（均为最短路长度）且最短路经过的点的编号序列不同。若城市 N 无法到达，则只输出一个 No answer。

说明：对于 30%的数据，$N \leqslant 20$；对于 100%的数据，$1 \leqslant N \leqslant 2000$，$0 \leqslant E \leqslant N \times (N-1)$，$1 \leqslant C \leqslant 10$。

注：题目出自 https://www.luogu.com.cn/problem/P1608。

样例输入：

```
5 4
1 5 4
1 2 2
2 5 2
4 1 1
```

样例输出：

```
4 2
```

算法提示：

由题意可知，本题和例 41.1 本质上是一样的，区别在于例 41.1 是一个无边权（边权为 1）的最短路计数问题，所以直接做 BFS 即可。

本题是有边权的最短路计数问题，选择 Dijkstra 算法求最短路即可。同例 41.1 类似。

首先，假设使用 $\mathrm{cnt}(u)$ 表示节点 1 到 u 的最短路个数；$\mathrm{dis}(u)$ 表示节点 1 到 u 的最短路距离；$w(u,v)$ 表示节点 u 到 v 的边权。

然后，在 Dijkstra 算法中对边 (u,v) 进行松弛操作如下。

若 $\mathrm{dis}(v) > \mathrm{dis}(u) + w(u,v)$，则令 $\mathrm{cnt}(v) = \mathrm{cnt}(u)$；

若 $\mathrm{dis}(v) = \mathrm{dis}(u) + w(u,v)$，则令 $\mathrm{cnt}(v) += \mathrm{cnt}(u)$。

最后，直接输出最短路长度和路径个数（若城市 n 无法到达，则只输出一个 No answer）。

注意：本题要求如果两个节点之间有多条路径时，则视为 1 条路径。

实践园五参考程序：

```
#include<bits/stdc++.h>
using namespace std;
const int inf = 1e8;
const int maxn = 2005;
const int mod = 100003;
bool vis[maxn];
int n,m,dis[maxn],cnt[maxn];
int G[maxn][maxn];
int main(){
    cin >> n >> m;
    for(int i = 1;i <= n;i++)
      for(int j = 1;j <= n;j++)
        G[i][j] = inf;
```

```
    for(int i = 0;i < m;i++){
        int u,v,w;
        cin >> u >> v >> w;
        G[u][v] = min(G[u][v],w);
    }
    for(int i = 1;i <= n;i++) dis[i] = inf;
    dis[1] = 0; cnt[1] = 1;
    for(int i = 1;i <= n;i++){
        int u = -1;
        for(int j = 1;j <= n;j++) if(!vis[j]){
            if(u == -1||dis[j]< dis[u]) u = j;
        }
        vis[u] = 1;
        for(int v = 1;v <= n;v++){
            int w = G[u][v];
            if(dis[v]> dis[u] + w){
                dis[v] = dis[u] + w;
                cnt[v] = cnt[u];
            }else if(dis[v] == dis[u] + w){
                cnt[v] += cnt[u];
            }
        }
    }
    if(dis[n] == inf) cout <<"No answer"<< endl;
    else cout << dis[n]<<" "<< cnt[n]<< endl;
    return 0;
}
```

实践园六：集合位置

【题目描述】 野猫是公认的“路盲”，野猫自己心里也很清楚，每次都提前出门，但还是经常迟到，这点让大家很是无奈。后来，野猫在每次出门前，都会向花儿咨询一下路径，根据已知的路径，总算能按时到了。

现在提出这样的一个问题：给出 n 个点的坐标，其中第一个为野猫的出发位置，最后一个为大家的集合位置，并给出哪些位置点是相连的。野猫从出发点到达集合点，总会挑一条最近的路走，如果野猫没找到最近的路，他就会走第二近的路。请帮野猫求一下这条第二最短路径长度。

特别地，选取的第二短路径不会重复经过同一条路，即使可能重复走过同一条路，多次路程会更短。

输入：第一行是两个整数 $n(1\leqslant n\leqslant 200)$ 和 $m(1\leqslant m\leqslant 10000)$，表示一共有 n 个点和 m 条路，以下 n 行每行两个数 x_i、$y_i(-500\leqslant x_i,y_i\leqslant 500)$，表示第 i 个点的坐标，再往下 m 行每行两个整数 p_j、$q_j(1\leqslant p_j,q_j\leqslant n)$，表示两个点之间有一条路，数据没有重边，可能有自环。

输出：只有一行包含一个数，为第二最短路线的距离(保留两位小数)，如果存在多条第一短路径，则答案就是第一最短路径的长度；如果不存在第二最短路径，输出-1。

注：题目出自 https://www.luogu.com.cn/problem/P1491。

样例输入：

```
3 3
0 0
1 1
0 2
1 2
1 3
2 3
```

样例输出：

```
2.83
```

算法提示：

本题是一道经典的求次短路长度问题。

思考：什么是次短路问题呢？

显然，次短路不能和最短路完全一致。通常情况，求解图上次短路问题的算法步骤具体如下。

(1) 求出图上的最短路长度，而次短路一定不经过最短路中的某一条边。

(2) 枚举最短路上的一条边，将该边删掉后再求最短路。由于最短路经过不超过 n 条边，相当于做 n 次最短路。

(3) n 次最短路的最小值就是次短路。

本题选择 Dijkstra 算法，时间复杂度 $O(n^3)$ 或者 $O(nm\log m)$。

实践园六参考程序：

```
#include<bits/stdc++.h>
#include<bits/stdc++.h>
using namespace std;
const double inf = 1e10;
int x[205],y[205],n,m,pre[205];
double dis[205];
bool G[205][205],vis[205];
double sqr(int x){
    return (double)x * x;
}
double D(int u,int v){                //边权为直线距离
    return sqrt(sqr(x[u] - x[v]) + sqr(y[u] - y[v]));
}
void dij(){
    for(int i = 1;i <= n;i++) dis[i] = inf;
    dis[1] = 0;
    memset(vis,0,sizeof(vis));
    for(int i = 1;i <= n;i++){
        int u = -1;
        for(int j = 1;j <= n;j++) if(!vis[j]){
            if(u == -1||dis[j]< dis[u]) u = j;
        }
        vis[u] = 1;
        for (int v = 1;v <= n;v++) if (G[u][v]){
```

```
            if (dis[v]> dis[u] + D(u,v)){
                dis[v] = dis[u] + D(u,v);
                pre[v] = u;          //记录最短路
            }
        }
    }
}
int main(){
    cin>> n >> m;
    for(int i = 1;i <= n;i++) cin>> x[i]>> y[i];
    for(int i = 1;i <= m;i++){
        int u,v; cin>> u >> v;
        G[u][v] = 1; G[v][u] = 1;
    }
    dij();
    if(dis[n] == inf){
        cout <<" - 1"<< endl;
        return 0;
    }
    int u = n;
    double ans = inf;
    while(u!= 1){
        int v = pre[u];
        G[u][v] = G[v][u] = 0;        //删边(u,v)
        dij();
        ans = min(ans,dis[n]);
        G[u][v] = G[v][u] = 1;        //恢复边(u,v)
        u = v;
    }
    if(ans == inf) cout <<" - 1"<< endl;
    else printf(" % .2f\n",ans);
    return 0;
}
```

参 考 文 献

[1] 渡部有隆. 挑战程序设计竞赛[M]. 支鹏浩,译. 北京：人民邮电出版社,2016.
[2] 李煜东. 算法竞赛[M]. 郑州：河南电子音像出版社,2017.